Persönliches

Name

Straße

Wohnort

Telefon privat

Blutgruppe

Impfungen

Wichtiger Hinweis für den Arzt bei Unfall:

Bitte informieren Sie im Notfall:

Foto: GAP/Robert Mabic

Jahresübersicht 2024

Januar

	1	2	3	4	5
Mo	1	8	15	22	29
Di	2	9	16	23	30
Mi	3	10	17	24	31
Do	4	11	18	25	
Fr	5	12	19	26	
Sa	6*	13	20	27	
So	7	14	21	28	

Februar

	5	6	7	8	9
Mo		5	12	19	26
Di		6	13	20	27
Mi		7	14	21	28
Do	1	8	15	22	29
Fr	2	9	16	23	
Sa	3	10	17	24	
So	4	11	18	25	

März

	9	10	11	12	13
Mo		4	11	18	25
Di		5	12	19	26
Mi		6	13	20	27
Do		7	14	21	28
Fr	1	8*	15	22	29
Sa	2	9	16	23	30
So	3	10	17	24	31

April

	14	15	16	17	18
Mo	1	8	15	22	29
Di	2	9	16	23	30
Mi	3	10	17	24	
Do	4	11	18	25	
Fr	5	12	19	26	
Sa	6	13	20	27	
So	7	14	21	28	

Mai

	18	19	20	21	22
Mo		6	13	20	27
Di		7	14	21	28
Mi	1	8	15	22	29
Do	2	9	16	23	30*
Fr	3	10	17	24	31
Sa	4	11	18	25	
So	5	12	19	26	

Juni

	22	23	24	25	26
Mo		3	10	17	24
Di		4	11	18	25
Mi		5	12	19	26
Do		6	13	20	27
Fr		7	14	21	28
Sa	1	8	15	22	29
So	2	9	16	23	30

Juli

	27	28	29	30	31
Mo	1	8	15	22	29
Di	2	9	16	23	30
Mi	3	10	17	24	31
Do	4	11	18	25	
Fr	5	12	19	26	
Sa	6	13	20	27	
So	7	14	21	28	

August

	31	32	33	34	35
Mo		5	12	19	26
Di		6	13	20	27
Mi		7	14	21	28
Do	1	8	15*	22	29
Fr	2	9	16	23	30
Sa	3	10	17	24	31
So	4	11	18	25	

September

	35	36	37	38	39	40
Mo		2	9	16	23	30
Di		3	10	17	24	
Mi		4	11	18	25	
Do		5	12	19	26	
Fr		6	13	20*	27	
Sa		7	14	21	28	
So	1	8	15	22	29	

Oktober

	40	41	42	43	44
Mo		7	14	21	28
Di	1	8	15	22	29
Mi	2	9	16	23	30
Do	3	10	17	24	31*
Fr	4	11	18	25	
Sa	5	12	19	26	
So	6	13	20	27	

November

	44	45	46	47	48
Mo		4	11	18	25
Di		5	12	19	26
Mi		6	13	20*	27
Do		7	14	21	28
Fr	1*	8	15	22	29
Sa	2	9	16	23	30
So	3	10	17	24	

Dezember

	48	49	50	51	52	1
Mo		2	9	16	23	30
Di		3	10	17	24	31
Mi		4	11	18	25	
Do		5	12	19	26	
Fr		6	13	20	27	
Sa		7	14	21	28	
So	1	8	15	22	29	

* Feiertag nicht in allen Bundesländern

2024

Januar			Februar		
1	Mo	KW 1	1	Do	
2	Di		2	Fr	
3	Mi		3	Sa	
4	Do		4	So	
5	Fr		5	Mo	KW 6
6	Sa*		6	Di	
7	So		7	Mi	
8	Mo	KW 2	8	Do	
9	Di		9	Fr	
10	Mi		10	Sa	
11	Do		11	So	
12	Fr		12	Mo	KW 7
13	Sa		13	Di	
14	So		14	Mi	
15	Mo	KW 3	15	Do	
16	Di		16	Fr	
17	Mi		17	Sa	
18	Do		18	So	
19	Fr		19	Mo	KW 8
20	Sa		20	Di	
21	So		21	Mi	
22	Mo	KW 4	22	Do	
23	Di		23	Fr	
24	Mi		24	Sa	
25	Do		25	So	
26	Fr		26	Mo	KW 9
27	Sa		27	Di	
28	So		28	Mi	
29	Mo	KW 5	29	Do	
30	Di				
31	Mi				

* Feiertag nicht in allen Bundesländern

März		
1	Fr	
2	Sa	
3	So	
4	Mo	KW 10
5	Di	
6	Mi	
7	Do	
8	Fr*	
9	Sa	
10	So	
11	Mo	KW 11
12	Di	
13	Mi	
14	Do	
15	Fr	
16	Sa	
17	So	
18	Mo	KW 12
19	Di	
20	Mi	
21	Do	
22	Fr	
23	Sa	
24	So	
25	Mo	KW 13
26	Di	
27	Mi	
28	Do	
29	Fr	
30	Sa	
31	So	

April		
1	Mo	KW 14
2	Di	
3	Mi	
4	Do	
5	Fr	
6	Sa	
7	So	
8	Mo	KW 15
9	Di	
10	Mi	
11	Do	
12	Fr	
13	Sa	
14	So	
15	Mo	KW 16
16	Di	
17	Mi	
18	Do	
19	Fr	
20	Sa	
21	So	
22	Mo	KW 17
23	Di	
24	Mi	
25	Do	
26	Fr	
27	Sa	
28	So	
29	Mo	KW 18
30	Di	

* Feiertag nicht in allen Bundesländern

2024

Mai			Juni		
1	Mi		1	Sa	
2	Do		2	So	
3	Fr		3	Mo	KW 23
4	Sa		4	Di	
5	So		5	Mi	
6	Mo	KW 19	6	Do	
7	Di		7	Fr	
8	Mi		8	Sa	
9	Do		9	So	
10	Fr		10	Mo	KW 24
11	Sa		11	Di	
12	So		12	Mi	
13	Mo	KW 20	13	Do	
14	Di		14	Fr	
15	Mi		15	Sa	
16	Do		16	So	
17	Fr		17	Mo	KW 25
18	Sa		18	Di	
19	So		19	Mi	
20	Mo	KW 21	20	Do	
21	Di		21	Fr	
22	Mi		22	Sa	
23	Do		23	So	
24	Fr		24	Mo	KW 26
25	Sa		25	Di	
26	So		26	Mi	
27	Mo	KW 22	27	Do	
28	Di		28	Fr	
29	Mi		29	Sa	
30	Do*		30	So	
31	Fr				

* Feiertag nicht in allen Bundesländern

Juli			August		
1	Mo	KW 27	1	Do	
2	Di		2	Fr	
3	Mi		3	Sa	
4	Do		4	So	
5	Fr		5	Mo	KW 32
6	Sa		6	Di	
7	So		7	Mi	
8	Mo	KW 28	8	Do	
9	Di		9	Fr	
10	Mi		10	Sa	
11	Do		11	So	
12	Fr		12	Mo	KW 33
13	Sa		13	Di	
14	So		14	Mi	
15	Mo	KW 29	15	Do*	
16	Di		16	Fr	
17	Mi		17	Sa	
18	Do		18	So	
19	Fr		19	Mo	KW 34
20	Sa		20	Di	
21	So		21	Mi	
22	Mo	KW 30	22	Do	
23	Di		23	Fr	
24	Mi		24	Sa	
25	Do		25	So	
26	Fr		26	Mo	KW 35
27	Sa		27	Di	
28	So		28	Mi	
29	Mo	KW 31	29	Do	
30	Di		30	Fr	
31	Mi		31	Sa	

* Feiertag nicht in allen Bundesländern

2024

September

1	So	
2	Mo	KW 36
3	Di	
4	Mi	
5	Do	
6	Fr	
7	Sa	
8	So	
9	Mo	KW 37
10	Di	
11	Mi	
12	Do	
13	Fr	
14	Sa	
15	So	
16	Mo	KW 38
17	Di	
18	Mi	
19	Do	
20	Fr*	
21	Sa	
22	So	
23	Mo	KW 39
24	Di	
25	Mi	
26	Do	
27	Fr	
28	Sa	
29	So	
30	Mo	KW 40

Oktober

1	Di	
2	Mi	
3	Do	
4	Fr	
5	Sa	
6	So	
7	Mo	KW 41
8	Di	
9	Mi	
10	Do	
11	Fr	
12	Sa	
13	So	
14	Mo	KW 42
15	Di	
16	Mi	
17	Do	
18	Fr	
19	Sa	
20	So	
21	Mo	KW 43
22	Di	
23	Mi	
24	Do	
25	Fr	
26	Sa	
27	So	
28	Mo	KW 44
29	Di	
30	Mi	
31	Do*	

* Feiertag nicht in allen Bundesländern

November			Dezember		
1	Fr*		1	So	
2	Sa		2	Mo	KW 49
3	So		3	Di	
4	Mo	KW 45	4	Mi	
5	Di		5	Do	
6	Mi		6	Fr	
7	Do		7	Sa	
8	Fr		8	So	
9	Sa		9	Mo	KW 50
10	So		10	Di	
11	Mo	KW 46	11	Mi	
12	Di		12	Do	
13	Mi		13	Fr	
14	Do		14	Sa	
15	Fr		15	So	
16	Sa		16	Mo	KW 51
17	So		17	Di	
18	Mo	KW 47	18	Mi	
19	Di		19	Do	
20	Mi*		20	Fr	
21	Do		21	Sa	
22	Fr		22	So	
23	Sa		23	Mo	KW 52
24	So		24	Di	
25	Mo	KW 48	25	Mi	
26	Di		26	Do	
27	Mi		27	Fr	
28	Do		28	Sa	
29	Fr		29	So	
30	Sa		30	Mo	KW 1
			31	Di	

* Feiertag nicht in allen Bundesländern

2025

Januar

1	Mi	
2	Do	
3	Fr	
4	Sa	
5	So	
6	Mo*	KW 2
7	Di	
8	Mi	
9	Do	
10	Fr	
11	Sa	
12	So	
13	Mo	KW 3
14	Di	
15	Mi	
16	Do	
17	Fr	
18	Sa	
19	So	
20	Mo	KW 4
21	Di	
22	Mi	
23	Do	
24	Fr	
25	Sa	
26	So	
27	Mo	KW 5
28	Di	
29	Mi	
30	Do	
31	Fr	

Februar

1	Sa	
2	So	
3	Mo	KW 6
4	Di	
5	Mi	
6	Do	
7	Fr	
8	Sa	
9	So	
10	Mo	KW 7
11	Di	
12	Mi	
13	Do	
14	Fr	
15	Sa	
16	So	
17	Mo	KW 8
18	Di	
19	Mi	
20	Do	
21	Fr	
22	Sa	
23	So	
24	Mo	KW 9
25	Di	
26	Mi	
27	Do	
28	Fr	

* Feiertag nicht in allen Bundesländern

Im Biogarten ist viel Handarbeit gefragt, um eine große Vielfalt von Gemüse, Blumen und Kräutern zu genießen. So steht einer reichen Ernte nichts im Wege: Kohlrabi, der mit der Grabegabel aus dem Beet geborgen wurde.

Foto: GAP/Robert Mabic

Schulferien 2024

Land	Weihnachten 2023/2024	Winter 2024	Ostern/ Frühjahr 2024
Baden-Württemberg	23.12. – 05.01.	–	23.03. – 05.04.
Bayern	23.12. – 05.01	12.02. – 16.02.	25.03. – 06.04.
Berlin	23.12. – 05.01.	05.02. – 10.02.	25.03. – 05.04.
Brandenburg	23.12. – 05.01.	05.02. – 09.02.	25.03. – 05.04.
Bremen	23.12. – 05.01.	01.02. – 02.02.	18.03. – 28.03.
Hamburg	22.12. – 05.01.	02.02.	18.03. – 28.03.
Hessen	27.12. – 13.01.	–	25.03. – 13.04.
Mecklenburg-Vorpommern	21.12. – 03.01.	05.02. – 16.02.	25.03. – 03.04.
Niedersachsen	27.12. – 05.01.	01.02. – 02.02.	18.03. – 28.03.
Nordrhein-Westfalen	21.12. – 05.01.	–	25.03. – 06.04.
Rheinland-Pfalz	27.12. – 05.01.	–	25.03. – 02.04.
Saarland	21.12. – 02.01.	12.02. – 16.02.	25.03. – 05.04.
Sachsen	23.12. – 02.01.	12.02. – 23.02.	28.03. – 05.04.
Sachsen-Anhalt	21.12. – 03.01.	05.02. – 10.02.	25.03. – 30.03.
Schleswig-Holstein	27.12. – 06.01.	–	02.04. – 19.04.
Thüringen	22.12. – 05.01.	12.02. – 16.02.	25.03. – 06.04.

Land	Himmelfahrt/ Pfingsten 2024	Sommer 2024	Herbst 2024
Baden-Württemberg	21.05. – 31.05.	25.07. – 07.09.	28.10. – 31.10.
Bayern	21.05. – 01.06.	29.07. – 09.09.	28.10. – 31.10.
Berlin	10.05.	18.07. – 30.08.	04.10., 21.10. – 02.11.
Brandenburg	–	18.07. – 31.08.	21.10. – 02.11.
Bremen	10.05.	24.06. – 02.08.	04.10. – 19.10., 01.11.
Hamburg	10.05. 21.05. – 24.05.	18.07. – 28.08.	04.10., 21.10. – 01.11.
Hessen	–	15.07. – 23.08.	14.10. – 25.10.
Mecklenburg-Vorpommern	10.05., 17.05. – 21.05.	22.07. – 31.08.	04.10., 21.10. – 26.10., 01.11.
Niedersachsen	10.05. / 21.05.	24.06. – 02.08.	04.10. – 19.10., 01.11.
Nordrhein-Westfalen	21.05.	08.07. – 20.08.	14.10. – 26.10.
Rheinland-Pfalz	21.05. – 29.05.	15.07. – 23.08.	14.10. – 25.10.
Saarland	21.05. – 24.05.	15.07. – 23.08.	14.10. – 25.10.
Sachsen	10.05., 18.05. – 21.05.	20.06. – 02.08.	07.10. – 19.10.
Sachsen-Anhalt	21.05. – 24.05.	24.06. – 03.08.	30.09. – 12.10., 01.11.
Schleswig-Holstein[1)]	10.05. – 11.05.	22.07. – 31.08.	21.10. – 01.11.
Thüringen	10.05.	20.06. – 31.07.	30.09. – 12.10.

Angegeben ist jeweils der erste und letzte Ferientag. Nachträgliche Änderungen einzelner Länder sind vorbehalten.

[1)] Auf den Inseln Sylt, Föhr, Amrum und Helgoland sowie auf den Halligen gelten für die Sommer- und Herbstferien Sonderregelungen.

Besondere Hinweise auf kirchliche Feiertage sind in der Übersicht nicht enthalten.

Quelle: Sekretariat der Ständigen Konferenz der Kultusminister der Länder in der BRD, Taubenstraße 10, 10117 Berlin.

Stand: Januar 2023

Säen und Pflanzen nach dem Mond

Maria Thun (1922–2012), die Pionierin des biologisch-dynamischen Gärtnerns, hatte durch zahlreiche Versuche festgestellt, dass durch die Anziehungskraft des Mondes vier Elemente auf der Erde wirksam werden, welche vier verschiedene Pflanzenorgane beeinflussen:

Wärme: **Frucht**
Erde: **Wurzel**
Licht: **Blüte und Samen**
Wasser: **Blatt**

Beim Gärtnern, beim Säen, Pflanzen und Pflegen sowie bei der Ernte richtet man sich nach den Pflanzenteilen, den Pflanzenorganen, die man später ernten will. Die Phasen treten bei jeweils drei Sternzeichen auf, den sogenannten Trigonen. Diese wiederholen sich nach wenigen Tagen.

Manchmal ist das Wetter nicht für Gartenarbeiten geeignet, oder man hat gerade keine Zeit an diesen günstigen Tagen. Wenn man deshalb einmal an einem „falschen" Datum sät, kann man dies ausgleichen, indem man danach die Pflanzen an den „richtigen" Tagen pflanzt, pflegt und erntet.

Fruchttage:
Löwe, Widder, Schütze

Steht der Mond vor einem dieser Sternbilder, wird der Wärmeimpuls auf der Erde begünstigt. Dies fördert die Fruchtbildung zum Beispiel von Auberginen, Bohnen, Puffbohnen, Erbsen, Erdbeeren, Gurken, Kürbissen, Paprika, Tomaten, Zucchini, Beerenobst, Baumobst oder Weinreben.

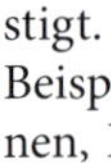

Wurzeltage:
Jungfrau, Stier, Steinbock

Dieser Zeitpunkt ist günstig, um Arbeiten rund um Wurzel-, Rüben- und Knollengemüse durchzuführen, wie etwa Kartoffeln, Möhren, Pastinaken, Radieschen, Rettich, Rote Bete, Schwarzwurzeln, Sellerie, Steckrübe, Topinambur oder Zwiebeln.

Blüten- und Samentage:
Waage, Zwilling, Wassermann

Steht der Mond vor diesen Sternzeichen, werden Blüten- und Samenbildung gefördert zum Beispiel bei Ein- und Zweijahresblumen, Blütenstauden, Blütenpflanzen im Zimmer.

Blatttage:
Skorpion, Krebs, Fische

An diesen Tagen kommen Gartenarbeiten der Blattbildung zugute, zum Beispiel bei Asia-Salat, Endivie, Feldsalat, Wirsing, Kopfkohl, Mangold, Lauch, Rucola, Kopfsalat, Spinat oder Winterportulak.

Mond-Datensalat

Es gibt zahlreiche Mondkalender, die obendrein unterschiedliche Daten liefern. Eine Ursache besteht unter anderem darin, dass sich einige Kalendermacher nach dem astronomischen, andere nach dem astrologischen Mondlauf richten.

Während bei dem astrologischen Modell die Phasen, in denen der Mond vor einem Sternbild steht, gleich groß sind, stellt sie das astronomische Modell, womit Maria Thun gearbeitet hat, unterschiedlich groß dar. Das liegt an der Verschiebung der Erdachse in den vergangenen 2000 Jahren, die im astronomischen Modell bei der Berechnung berücksichtigt wird, während sie das astrologische Modell ignoriert.

Dem Mondkalender in diesem Gartenjahrbuch ebenso wie in *kraut&rüben* liegen astronomische Berechnungen zugrunde.

Mondgärtner ernten, pflanzen und säen an dafür günstigen Tagen, je nachdem, ob sie die Frucht-, Wurzel-, Blatt- oder Blütenbildung fördern wollen.

Foto: GAP/Robert Mabic • Illustrationen: Christine Faltermayr

Der Natur-Kalender

Den Takt für den phänologischen Kalender gibt die Natur vor. Er ist angepasst an die regionalen Gegebenheiten und das Klima und obendrein kinderleicht zu verstehen.

Ein Kalender teilt die Zeit in Jahre, Monate, Wochen, Tage ein. Jahrweiser nannte man ihn einst. Die Menschen der Frühzeit haben sich nach dem Mond gerichtet, um Zeit zu messen. „Beim nächsten Neumond treffen wir uns hier wieder", hieß es dann, wenn sich eine Gruppe der Jäger und Sammler trennte.
Die antiken Kulturen entwickelten dann ausgefeilte Lunarkalender, die nur einen Nachteil hatten: Der Mond umrundet in 29 Tagen die Erde, bei 12 Monaten sind das 348 Tage. Die Erde benötigt aber 365 Tage, um die Sonne zu umkreisen und dabei die Jahreszeiten zu durchlaufen. Weil das Mondjahr so kurz ist, fallen die Jahreszeiten im Lunarkalender nicht jedes Jahr auf denselben Monat, sondern wandern durch den Kalender. Das gilt zum Beispiel auch für den Ramadan, der nach dem Islamischen Kalender berechnet wird, einem Lunarkalender.
Der heute weltweit gebräuchlichste, der gregorianische Kalender, ist ein Solarkalender. Er hat Ende des 16. Jahrhunderts die damals weit verbreiteten Mondkalender abgelöst, weil er mit den Jahreszeiten korrespondiert und nur ab und zu durch ein Schaltjahr feinjustiert werden muss.
Sich am Mond zu orientieren, war praktisch, um Verabredungen zu treffen, aber Ackerbauern nutzte ein Mondkalender wenig, der Frühjahr, Sommer, Herbst und Winter nicht an einen bestimmten Monat festmachte. Sie achteten deshalb auf die Zeichen der Natur, um herauszufinden, wann der Winter endlich aufgab und somit die ersten Saaten ausgebracht werden konnten. Das war nicht jedes Jahr auf den Tag genau am selben Datum, sondern hing stark vom Wetter ab.
Dieser Beobachtungskalender der vier Jahreszeiten, der **phänologische Kalender,** wurde im Laufe der Zeit verfeinert und in zehn Jahreszeiten unterteilt wie auf der Zeichnung dargestellt:

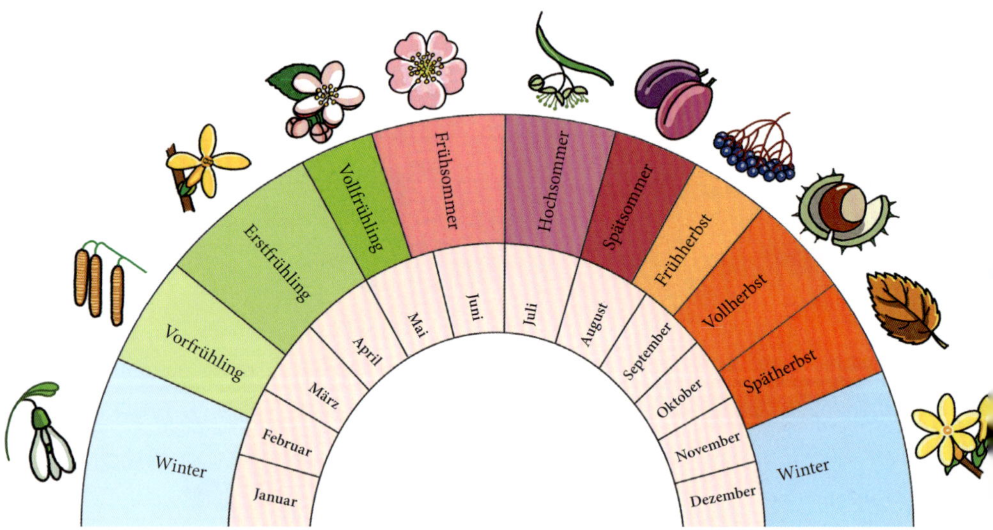

Danach orientieren sich die Bauern bis heute. Im Vorfrühling steht die Saat von Sommergetreide an, im Erstfrühling werden Kartoffeln gelegt und Futterrüben gesät.
Damit man weiß, wann die jeweilige phänologische Jahreszeit beginnt, hat man sie durch langjährige Beobachtungen an die Entwicklung bestimmter Pflanzen gekoppelt, zum Beispiel an Blatt- und Knospenaustrieb, Blüte, Fruchtreife, Blattfärbung oder Blattfall. Wann diese Ereignisse auftreten, ist unter anderem von der Region, der Witterung und dem Lokalklima abhängig.

Auf die Temperatur kommt's an

Sonnenscheindauer und Tageslänge spielen hierbei eine Rolle, Luft- und Bodentemperatur, Niederschlagsmengen und Frosttage. In unseren Breiten ist vor allem die Lufttemperatur von entscheidender Bedeutung.
Ist eine bestimmte Wärmesumme erreicht, öffnen sich die Blüten an den Haselnussbüschen, das ist oft schon im Januar der Fall. Schneeglöckchen verlassen sich auf die länger werdenden Tage, also das höhere Lichtangebot, und auf steigende Temperaturen als Signalgeber für ihren Blühbeginn. Apfelbäume färben ihre Früchte rot, wenn die Nachttemperaturen sinken. Je größer die Differenz zwischen Tag- und Nachtemperatur ist, desto intensiver rot sind die Äpfel.
Der phänologische Kalender passt immer und überall, ob im zeitigen Frühjahr im Oberrheintal oder Bergischen Land oder im Hochsommer in den Alpen, mit dem Unterschied, dass der Vorfrühling im Breisgau oft bereits Mitte Februar, in höheren Lagen meist erst Mitte März oder später beginnt.
So blühen die Apfelbäume in der Rheinebene zwei bis drei Wochen früher als im vom Meerklima geprägten Norddeutschland, wo Nord- und Ostsee das schnelle Erwärmen der Landschaft verzögern.
Die phänologischen Leitpflanzen signalisieren nicht nur, wann was im Garten zu tun ist. Das Beste daran ist, dass Sie sich Ihren auf Ihre Region abgestimmten Jahreszeiten-Kalender selber zusammenstellen können. Wann die Haselnüsse, die Schneeglöckchen oder Apfelbäume blühen und die ersten Zwetschgen reifen, beobachten Sie sowieso jedes Jahr in Ihrem Garten. Wenn Sie diese Beobachtung dann noch in diesem Kalender notieren, fügen sich die Einzelbeobachtungen über die Jahre zu Ihrem persönlichen phänologischen Kalender zusammen.

Leitpflanzen der zehn Jahreszeiten

Winter (Jan.–Febr.)
Schneeglöckchen

Vorfrühling
Haselkätzchen

Erstfrühling
Forsythienblüte

Vollfrühling
Apfelblüte

Frühsommer
Hundsrosenblüte

Hochsommer
Lindenblüte

Spätsommer
Frühzwetschgenreife

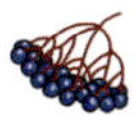
Frühherbst
Holunderreife

Vollherbst
Rosskastanie

Spätherbst
Laubfall

Winter (Nov.–Dez.)
Winterjasmin

Illustrationen: Christina Faltermayr

Januar 2024

1 Mo SA 08:27 SU 16:24	Neujahr	Woche 1
2 Di SA 08:27 SU 16:25		
3 Mi SA 08:26 SU 16:26		
4 Do SA 08:26 SU 16:27		
5 Fr SA 08:26 SU 16:28		
6 Sa SA 08:26 SU 16:30	Heilige Drei Könige*	
7 So SA 08:25 SU 16:31		

* Feiertag nicht in allen Bundesländern

Apogäum: 16:28 Uhr

			Niederschläge mm	min/max °C

Wie der Basilius, so der September.

ab 13 Uhr

			Niederschläge mm	min/max °C

			Niederschläge mm	min/max °C

Letztes Viertel: 04:30 Uhr
Absteigender Mondknoten: 19:49 Uhr

			Niederschläge mm	min/max °C

			Niederschläge mm	min/max °C

ab 8 Uhr

			Niederschläge mm	min/max °C

ab 20 Uhr

			Niederschläge mm	min/max °C

ungünstig für Aussaat und Pflanzung — besonders günstig für Aussaat und Pflanzung

Januar 2024

	Woche 2
8 Mo SA 08:25 SU 16:32	
9 Di SA 08:24 SU 16:34	
10 Mi SA 08:24 SU 16:35	
11 Do SA 08:23 SU 16:36	
12 Fr SA 08:23 SU 16:38	
13 Sa SA 08:22 SU 16:39	
14 So SA 08:21 SU 16:41	

* Feiertag nicht in allen Bundesländern

Niederschläge mm | min/max °C

Niederschläge mm | min/max °C

Ist der Paulustag gelinde,
folgen im Frühjahr raue Winde.

Tiefstellung: 08:04 Uhr

ab 0 Uhr

Niederschläge mm | min/max °C

Neumond: 12:57 Uhr

Niederschläge mm | min/max °C

ab 2 Uhr

Niederschläge mm | min/max °C

Perigäum: 11:35 Uhr

ab 23 Uhr

Niederschläge mm | min/max °C

Niederschläge mm | min/max °C

ungünstig für Aussaat und Pflanzung

besonders günstig für Aussaat und Pflanzung

Illustrationen: Christine Faltermayr

Januar 2024

	Woche 3
15 Mo SA 08:21 SU 16:42	
16 Di SA 08:20 SU 16:44	
17 Mi SA 08:19 SU 16:45	
18 Do SA 08:18 SU 16:47	
19 Fr SA 08:17 SU 16:49	
20 Sa SA 08:16 SU 16:50	
21 So SA 08:15 SU 16:52	

* Feiertag nicht in allen Bundesländern

ab 16 Uhr

			Niederschläge mm	min/max °C

			Niederschläge mm	min/max °C

Aufsteigender Mondknoten: 15:14 Uhr

			Niederschläge mm	min/max °C

Erstes Viertel: 04:53 Uhr

ab 9 Uhr

			Niederschläge mm	min/max °C

			Niederschläge mm	min/max °C

Fabian im Nebelhut
tut den Bäumen gar nicht gut.

ab 3 Uhr

			Niederschläge mm	min/max °C

			Niederschläge mm	min/max °C

Illustrationen: Christine Faltermayr

ungünstig für Aussaat und Pflanzung | besonders günstig für Aussaat und Pflanzung

Januar 2024

	Woche 4
22 Mo SA 08:14 SU 16:54	
23 Di SA 08:13 SU 16:55	
24 Mi SA 08:11 SU 16:57	
25 Do SA 08:10 SU 16:59	
26 Fr SA 08:09 SU 17:00	
27 Sa SA 08:08 SU 17:02	
28 So SA 08:06 SU 17:04	

* Feiertag nicht in allen Bundesländern

ab 22 Uhr

			Niederschläge	min/max °C
			mm	

Hochstellung: 04:44 Uhr

			Niederschläge	min/max °C
			mm	

			Niederschläge	min/max °C
			mm	

Vollmond: 18:54 Uhr

ab 4 Uhr

			Niederschläge	min/max °C
			mm	

ab 22 Uhr

			Niederschläge	min/max °C
			mm	

			Niederschläge	min/max °C
			mm	

			Niederschläge	min/max °C
			mm	

ungünstig für Aussaat und Pflanzung   besonders günstig für Aussaat und Pflanzung

Illustrationen: Christine Faltermayr

Januar / Februar 2024

29 Mo SA 08:05 SU 17:06	Woche 5
30 Di SA 08:03 SU 17:07	
31 Mi SA 08:02 SU 17:09	
1 Do SA 08:01 SU 17:11	
2 Fr SA 07:59 SU 17:13	
3 Sa SA 07:57 SU 17:15	
4 So SA 07:56 SU 17:16	

* Feiertag nicht in allen Bundesländern

Apogäum: 09:14 Uhr

ab 20 Uhr

			Niederschläge mm	min/max °C

Scheint an Martina die Sonne mild,
ist sie der guten Ernte Bild.

			Niederschläge mm	min/max °C

Absteigender Mondknoten: 21:21 Uhr

			Niederschläge mm	min/max °C

			Niederschläge mm	min/max °C

ab 17 Uhr

			Niederschläge mm	min/max °C

Letztes Viertel: 00:18 Uhr

			Niederschläge mm	min/max °C

ab 5 Uhr

			Niederschläge mm	min/max °C

ungünstig für Aussaat und Pflanzung — besonders günstig für Aussaat und Pflanzung

Illustrationen: Christine Faltermayr

Der Garten im Januar

Jetzt Kräutergarten planen

Schnuppernasen und Hobbyköche lieben frische Kräuter. In diesem Mini-Garten finden 26 aromatische Kräuter mit verschiedenen Aromen Platz, die zudem dekorativ aussehen:
1 Minze; 2 Bronze-Fenchel; 3 Engelwurz; 4 Liebstöckel; 5 Goldmelisse; 6 Dill; 7 Zitronenmelisse; 8 Borretsch; 9 Estragon; 10 Griech. Bergtee; 11 Lavendel; 12 Salbei; 13 Thymian; 14 Bohnenkraut; 15 Rosmarin; 16 Weinraute; 17 Oregano; 18 Ysop; 19 Currykraut; 20 Muskateller-Salbei; 21 Kapuzinerkresse; 22 Petersilie; 23 Schnittlauch; 24 Majoran; 25 Basilikum; 26 Kerbel

Phänologie
Winter

Seit Eichen und die späten Apfelsorten ihre Blätter, Lärchen ihre Nadeln abgeworfen haben, hat im Kalender der Natur der Winter begonnen. Heimische Pflanzen sind auf Lichtmangel und Kälte eingestellt. Von kurzen warmen Phasen lassen sie sich nicht aus der Winterruhe bringen. Sie treiben erst aus, wenn es im Frühling deutlich heller und milder wird.

Fotos: stock.adobe.com (2): Amy Lv, Patrycja; GAP Photos, GAP (3): Robert Mabic, Juliette Wade, Dave Zubraski • Illustration: kamenuka/stock.adobe.com; Christine Faltermayr

Jungbrunnen für Schnittblumen

Am längsten halten Ihre Blumen, wenn Sie das **Wasser täglich wechseln**, den **Strauß kühl** stellen, **von holzigen Stielen die Rinde an den Enden abschälen** und **dicke Stiele mit einem scharfen Messer** spalten, um die Wasseraufnahme zu verbessern. Apropos: **Zucker im Vasenwasser empfiehlt sich nicht**, da es fäulniserregende Mikroorganismen fördert.

Thymian lindert Heiserkeit

Viele Gärtner sortieren Thymian bei den Würzkräutern ein. Doch das Kraut mit den kleinen Blättchen lindert **Husten und Heiserkeit.**

Sie brauchen: 10 g getrocknete oder 20 g frische Thymianblätter, 250 ml Honig, ein Siebtuch, eine weithalsige Flasche

Blätter mit 250 ml kochendem Wasser übergießen, abgedeckt 15 Minuten ziehen lassen. In einem Topf mit Honig erwärmen und rühren, bis eine dickflüssige Konsistenz entsteht. Warm abseihen und dreimal täglich 1–2 TL einnehmen.

Gast: Rotkehlchen

Gärten nimmt der Vogel gerne als Revier an, vorausgesetzt er findet dort **Plätze mit dichtem Bodenbewuchs, Beerensträucher** und **Hecken,** kleine **Laub-** und **Totholzhaufen** oder eine **Kompostecke** und eine **Futterstelle** für den Winter - mit Haferflocken, Nussstückchen, Fettfutter für Meisen oder sogenannte Energiekuchen, die neben Fett auch getrocknete Insekten enthalten. **Serviert wird in einer trockenen Ecke am Boden.**

Heizungslos glücklich

Kübelpflanzen wie Zitrusgewächse und **Mittelmeerkräuter** tolerieren **Temperaturen hinter Glas knapp über 0 °C Grad,** manche sogar darunter. **Noppenfolie** von außen an das Gewächshaus geklammert isoliert. Kritische Nächte lassen sich mit **Solarschläuchen** aus schwarzem Polyethylen, die mit Wasser gefüllt werden und darin die Sonnenwärme des Tages für die Nacht verwahren, überbrücken.

Bitterorange 'Canaliculata'

Ernte im Schnee

Unsere Keller sind meist warm und trocken, deshalb ist es oft besser, robustes Gemüse wie **Rosenkohl, Lauch, Spinat, Feldsalat, Chinakohl, Möhren** und **Sellerie draußen zu lagern**. Wenn aber viel Schnee liegt oder der Boden hart gefroren ist, lässt es sich kaum bergen. **Zwei Lagen Gartenvlies** leisten hier gute Dienste. Am besten spannen Sie das Vlies über einen Rahmen, damit es nicht direkt auf dem Gemüse aufliegt und dort festfriert. An frostfreien Tagen sollten Sie lüften.

Kartoffeln auf Vorrat

Die gesunde Knolle lagert am besten im Dunklen bei Temperaturen von 5–10 °C. Deshalb sind Kartoffeln im ungeheizten Schuppen oder einer kalten Garage nicht gut aufgehoben. Fallen die Temperaturen unter den Gefrierpunkt, besteht die Gefahr, dass es den Erdäpfeln zu kalt wird und sich ein Teil der Stärke in Zucker umwandelt. Die Knollen schmecken dann auch im gekochten Zustand unangenehm süß. Wer keinen geeigneten Platz hat, lagert seine Kartoffeln besser etwas zu warm **im Keller. Dann treiben diese zwar nach etwa 8 Wochen grüne Sprosse, aber wenn Sie diese regelmäßig ausbrechen, lassen sich die Knollen trotzdem in der Küche verwenden.**

Kartoffel 'Desiree'

Lichtblicke im Schnee

Art	Lat. Name, Höhe und Blütenfarbe
Berg-Bohnen-kraut	*Satureja montana*, ca. 30 cm, weiß
Immergrüne Schleifenblume	*Iberis sempervirens*, ca. 20 cm, weiß
Karpaten-Schaumkresse	*Arabis procurrens*, ca. 25 cm, weiß
Purpurglöckchen	*Heuchera*, in verschiedenen Sorten
Waldsteinie	*Waldsteinia ternata*, ca. 15 cm, gelb
Lilientraube	*Liriope muscari*, ca. 40 cm, violett

Immergrüne Stauden mit warmem Wasser gießen, um Frosttrocknis zu vermeiden.

Fotos: GAP Photos, GAP (6): Christa Brand, Lynn Keddie, Geoff Kidd, Joanna Kossak, Clive Nichols, Gary Smith
Illustrationen: stock.adobe.com: cosmicanna (2), NaDo_Krasivo

Was sonst noch zu tun ist:

- **Erdbeerpflanzen** frieren bei strengen Frösten leicht hoch. Drücken Sie offenliegende Wurzelballen wieder an und breiten etwas Reisig darüber.
- Wenn **Gehölze Wurzelausläufer** bilden, legen Sie diese einfach an der Basis frei und reißen die Triebe aus.
- **Immergrüne Gehölze** verdunsten auch im Winter Wasser. Bei andauernden frostigen Temperaturen und Sonnenschein freuen sich vor allem Pflanzen in Töpfen über Wasser aus der Gießkanne.
- Wenn **Kakteen** blühen sollen, brauchen Sie eine Ruhephase mit Temperaturen zwischen 5–10 °C.
- Mulchen Sie die **Baumscheiben von Pfirsichen**, damit der Boden lange kalt bleibt. So treiben die Bäume nicht zu früh aus.

Reisig nutzen

Wohin mit dem Weihnachtsbaum? Der schwedische Brauch, den ausgedienten Baum am 13. Januar aus dem Fenster zu werfen, ist keine ideale Entsorgungsmethode. Es sei denn, er landet im Garten und wird dort zerlegt. **Locker aufgelegtes Nadelreisig** bietet nämlich den perfekten **Wintermantel für Rosen und andere empfindliche Gehölze und Stauden.** Es schützt die Pflanzen vor Kahlfrösten, lässt ihnen gleichzeitig genügend Luft zum Atmen und verhindert, dass Wind zu sehr austrocknet.
Tipp: Besteht im Garten kein Bedarf, sollten Sie die Abholtermine der Kommunen nicht verpassen.

Echter Wacholder?

Wacholderbeeren passen als Gewürz in Suppen, Sauerkraut oder Bratensoßen. Die Früchte des Gemeinen Wacholders (*Juniperus communis*) brauchen zwei Jahre, bis sie reif sind, und sind eigentlich Zapfen, denn der Wacholder ist ein Nadelgehölz. Aber Vorsicht! In einigen Gärten wächst ein stark giftiger Verwandter: der Sadebaum (*Juniperus sabina*). **Der Wacholder hat stechende, 1–2 cm lange Nadeln mit einem hellen Streifen auf der Oberseite.** Der Sadebaum hat schuppenförmige grüne Blätter, die zerrieben unangenehm riechen.

Beim Obstbaumpflanzen kommt es auf den richtigen Zeitpunkt an.

Obstbaum: Wann ist die beste Pflanzzeit?

- **Bäume im Pflanztopf** kann man das ganze Jahr pflanzen, außer der Boden ist gefroren.
- **Wurzelnackte Gehölze** (ohne Erdballen) setzt man ab Mitte Oktober oder im März.
- **Kernobst (Apfel und Birne) und Pflaumen** pflanzt man am besten im Herbst. Über Winter bilden sie Wurzeln, nach dem Angießen muss man nur selten wässern.
- **Steinobst (Kirschen, Aprikose, Pfirsich)** ist empfindlicher, es wird gern im Frühling gepflanzt. Bei Trockenheit braucht es bis zum Herbst regelmäßige Wassergaben.

Februar 2024

Woche 6

5 Mo SA 07:54 SU 17:18	
6 Di SA 07:53 SU 17:20	
7 Mi SA 07:51 SU 17:22	
8 Do SA 07:49 SU 17:24	
9 Fr SA 07:48 SU 17:26	
10 Sa SA 07:46 SU 17:27	
11 So SA 07:44 SU 17:29	

* Feiertag nicht in allen Bundesländern

			Niederschläge mm	min/max °C

Tiefstellung: 18:06 Uhr

ab 11 Uhr

			Niederschläge mm	min/max °C

			Niederschläge mm	min/max °C

ab 13 Uhr

			Niederschläge mm	min/max °C

Kommt die Jungfrau Apollonia,
sind auch bald die Lerchen wieder da.

Neumond: 23:59 Uhr

			Niederschläge mm	min/max °C

Perigäum: 19:50 Uhr

ab 9 Uhr

			Niederschläge mm	min/max °C

			Niederschläge mm	min/max °C

Illustrationen: Christine Faltermayr

☐ ungünstig für Aussaat und Pflanzung ☐ besonders günstig für Aussaat und Pflanzung

Februar 2024

12 Mo SA 07:42 SU 17:31	Rosenmontag	Woche 7
13 Di SA 07:40 SU 17:33	Faschingsdienstag	
14 Mi SA 07:38 SU 17:35	Aschermittwoch	
15 Do SA 07:37 SU 17:36		
16 Fr SA 07:35 SU 17:38		
17 Sa SA 07:33 SU 17:40		
18 So SA 07:31 SU 17:42		

* Feiertag nicht in allen Bundesländern

ab 1 Uhr

			Niederschläge mm	min/max °C

Aufsteigender Mondknoten: 18:02 Uhr

			Niederschläge mm	min/max °C

ab 16 Uhr

			Niederschläge mm	min/max °C

			Niederschläge mm	min/max °C

Erstes Viertel: 16:01 Uhr

ab 9 Uhr

			Niederschläge mm	min/max °C

			Niederschläge mm	min/max °C

Der Simon zeigt mit seinem Tage,
der Frost ist nicht mehr lange Plage.

			Niederschläge mm	min/max °C

Foto:

ungünstig für Aussaat und Pflanzung   besonders günstig für Aussaat und Pflanzung

Februar 2024

19 Mo SA 07:29 SU 17:44	Woche 8
20 Di SA 07:27 SU 17:46	
21 Mi SA 07:25 SU 17:47	
22 Do SA 07:23 SU 17:49	
23 Fr SA 07:21 SU 17:51	
24 Sa SA 07:19 SU 17:53	
25 So SA 07:17 SU 17:54	

* Feiertag nicht in allen Bundesländern

Hochstellung: 09:48 Uhr

ab 4 Uhr

			Niederschläge mm	min/max °C

			Niederschläge mm	min/max °C

ab 10 Uhr

			Niederschläge mm	min/max °C

			Niederschläge mm	min/max °C

ab 4 Uhr

			Niederschläge mm	min/max °C

Vollmond: 13:30 Uhr

			Niederschläge mm	min/max °C

Apogäum: 16:00 Uhr

			Niederschläge mm	min/max °C

ungünstig für Aussaat und Pflanzung

besonders günstig für Aussaat und Pflanzung

Illustrationen: Christine Faltermayr

Februar / März 2024

	Woche 9
26 Mo SA 07:15 SU 17:56	
27 Di SA 07:12 SU 17:58	
28 Mi SA 07:10 SU 18:00	
29 Do SA 07:08 SU 18:01	
1 Fr SA 07:06 SU 18:03	
2 Sa SA 07:04 SU 18:05	
3 So SA 07:02 SU 18:07	

* Feiertag nicht in allen Bundesländern

ab 3 Uhr

			Niederschläge mm	min/max °C

Absteigender Mondknoten: 23:53 Uhr

			Niederschläge mm	min/max °C

St. Roman hell und klar,
bedeutet ein gutes Jahr.

			Niederschläge mm	min/max °C

ab 23 Uhr

			Niederschläge mm	min/max °C

			Niederschläge mm	min/max °C

ab 12 Uhr

			Niederschläge mm	min/max °C

Letztes Viertel: 16:24 Uhr

			Niederschläge mm	min/max °C

ungünstig für Aussaat und Pflanzung — besonders günstig für Aussaat und Pflanzung

Illustrationen: Christine Faltermayr

Arbeitskalender der zehn Jahreszeiten

Mondphase	Günstige Tage	Säen	Pflanzen
	01.–02.01., 10.–12.01., 18.–20.01., 26.–29.01., 06.–08.02.		
	02.–06.01., 12.–13.01., 20.–22.01., 29.01.–02.02., 08.–10.02.		
	06.–07.01., 13.–15.01., 22.–25.01., 02.–04.02., 10.–12.02.	Eisbegonien[H] Fleißige Lieschen[H]	
	07.–10.01., 15.–18.01., 25.–26.01., 04.–06.02., 12.–14.02.	Gartenkresse[H]	

Arbeitskalender der zehn Jahreszeiten

Mondphase	Günstige Tage	Säen	Pflanzen
	14.–16.02., 23.–26.02., 04.–06.03., 13.–14.03.	Auberginen[H], Andenbeeren[H], Puffbohnen, Tomaten[H]	Obstgehölze pflanzen
	16.–19.02., 26.–29.02., 06.–08.03.	Möhren, frühe Sorten[F, G], Radieschen[F, G], Zwiebeln (Saat)	
	19.–21.02., 29.02.–02.03., 08.–10.03.	Artischocken, Astern (einj.)[H], Glockenreben[H], Männertreu, Mittagsblumen[H], Brokkoli[F]	
	21.–23.02., 02.–04.03., 10.–13.03.	Rotkohl[F], Weißkohl[F], Wirsingkohl[F], Gartenkresse[H], Blumenkohl[F]	

[H] = Haus: Fensterbank oder unter Folie [G] = Gewächshaus: Aus Energiespargründen unbeheizt

Winter: Januar bis Mitte Februar

Pflegen	Ernten
Obstbaumstämme mit Kalk- oder Lehmschlämme streichen, Beginn Obstbaumschnitt	
	Haferwurzeln, Pastinaken, Schwarzwurzeln, Teltower Rübchen, Topinambur
	Feldsalat, Grünkohl, Rosenkohl, Radicchio ('Roter von Verona')

Vorfrühling: Mitte Februar bis Mitte März

Pflegen	Ernten
Obstbaumschnitt	
	Haferwurzeln, Pastinaken, Schwarzwurzeln, Teltower Rübchen, Topinambur
Eisbegonien pikieren, Fleißige Lieschen pikieren	
	Feldsalat, Grünkohl, Rosenkohl, Radicchio ('Roter von Verona')

F = Frühbeet: Mit Wärmepackung aus frischem Pferdemist, sonst später aussäen

☐ ungünstig für Aussaat und Pflanzung ☐ besonders günstig für Aussaat und Pflanzung

Der Garten im Februar

Gemüsepuzzle

So könnte ein Gemüsebeet von April bis September aussehen: Sobald eine Art geerntet ist, folgt in derselben Reihe schon die nächste. Je reibungsloser die Nachfolge klappt, desto besser wird der Platz ausgenutzt und der Boden liegt kaum brach. Wer obendrein Nachbarn wählt, die sich gut vertragen, hat meist weniger Ärger mit Gemüsefliegen, anderen Schädlingen und Pilzkrankheiten.

(1) Kopfsalat, (2) Karotten, (3) Zwiebeln, (4) Radieschen, (5) Kohlrabi, (6) Pflücksalat, (7) Rosenkohl, (8) Grünkohl, (9) Endivien, (10) Brokkoli, (11) Feldsalat, (12) Winterrettich, (13) Spinat

Kräuter als Wegbegleiter

Mediterrane Kräuter wie **Lavendel, Salbei oder Heiligenkraut sind ideale Wegbegleiter**. Planen Sie diese am besten jetzt bei der Garten- und Wegeplanung gleich mit ein! Denn der Vorteil ist, dass sie bei jedem Gang in den Garten zum Greifen nah sind. Außerdem kann man nach Belieben an ihnen schnuppern und sich an ihrem Duft erfreuen. Das macht gute Laune. Auch **Küchenkräuter** wie **Schnittlauch, Petersilie, Ysop oder Bergbohnenkraut** eignen sich für diesen Zweck. Sie entlang des Weges aufzureihen, spart Platz auf dem Beet. Außerdem bringt man meterweise Pflanzen dort unter, und von Küchenkräutern kann man eigentlich nie genug haben. Trotzdem sollte man sich auch den Luxus gönnen, sie nicht alle komplett abzuernten, sondern zur Blüte kommen zu lassen.

Was blüht da?

Manchmal sieht man Anfang März einen Strauch oder kleinen Baum in der freien Landschaft oder am Waldrand in üppiger weißer Blüte stehen. **Es handelt sich dann definitiv um eine wilde Prunus-Art, doch welche?** Die frühe Blütezeit grenzt die Auswahl ein: Vermutlich ist es eine **Kirschpflaume** (*Prunus cerasifera*) oder eine frühe **Schlehe** (*Prunus spinosa*), beides sind gute Wildobstarten! Die Blüten der beiden ähneln sich sehr und beide bilden Dornen. Im Sommer kann man sie anhand der Früchte unterscheiden. Die Kirschpflaume bildet gelbrote Pfläumchen, die Schlehe blauschwarze Kugelfrüchte.

Was sonst noch zu tun ist:

- **Sieben Sie grobe Teile aus Ihrem Kompost**, bevor Sie ihn auf dem Gemüsebeet verteilen.
- **Wer früh aussät** und seinen Nachwuchs mit Vlies oder gelochter Folie schützt, erntet bis zu 4 Wochen früher.
- Wenn der Boden nicht gefroren ist, lassen sich **sommer- und herbstblühende Stauden** und Gräser **teilen**.
- **Schneiden Sie Weinreben** zwischen Mitte Februar und Mitte März, etwa 2 Wochen, bevor die Knospen schwellen.
- Stellen Sie den **Valentinsstrauß** nachts in einen kühlen Raum, dann bleiben die Schnittblumen länger frisch.
- An warmen Tagen sind die ersten **Apfelblütenstecher** unterwegs. Binden Sie Wellpappstreifen um die Bäume und kontrollieren Sie frühmorgens, ob sich Blütenstecher darin verstecken.
- Stellen Sie **altes Saatgut** vor dem Aussäen auf die Keimprobe.

VIP-Lounge für Hummeln

"Hummelblumen" nennt man auch Blühpflanzen, deren Zugang durch ein Gewirr an feinen **Haaren am Blüteneingang für Bienen zu anstrengend ist. Hummeln sind kräftiger und krabbeln einfach darüber hinweg. Der Rote Fingerhut** (*Digitalis purpurea*) **ist eine solche Hummelblume. Mit einer Kombination aus heimischen Sträuchern und Gartenpflanzen wie Winterling, Krokus, Akelei, Mohn, Glockenblumen, Katzenminze, Schwertlilie, Gartensalbei, Thymian, Stockrose, Rittersporn, Kapuzinerkresse, Lavendel, Löwenmaul, Sonnenhut, Sonnenblume und Heide bieten Sie Hummeln die ganze Saison über ein reichhaltiges Buffet.**

Platz für frühen Kohlrabi!

Im **frostfreien Gewächshaus oder Mistbeet** lässt sich Kohlrabi schon jetzt anbauen. Damit die Knollen dabei nicht platzen, verholzen oder kümmern, brauchen Sie **frühe, schossfeste Sorten**. Vor allem in Gewächshäusern mit schwächerem Lichteinfall ist eine **Standweite von 30 x 25 cm empfehlenswert**. Pflanzen Sie nicht zu tief, die Ballen dürfen ein wenig aus dem Boden ragen. Wenn Sie den humosen, organisch gedüngten Boden dann noch gleichmäßig feucht halten, dürfen Sie sich auf zarte Knollen freuen.

Frühe, schossfeste Sorten wählen

Fotos: stock.adobe.com (2): M. Doerr & M. Frommherz, Manfred Ruckszio; GAP Photos, GAP/Lynn Keddie (2) • Illustration: Victoria Pak/stock.adobe.com, Christine Faltermayr

Pferdemist in das Beet einfüllen.

Warmstart im Frühbeet

Wer einen **Bauernhof mit Pferden oder Kühen in der Nachbarschaft** hat, kann jetzt die **Gartensaison im Freien** beginnen. Etwa ab **Mitte Februar** sorgt frischer **Pferdemist für Wärme im Frühbeet.** Man hebt den Boden etwa **50–60 cm** aus, füllt eine **30–40 cm hohe Schicht** Mist hinein und **deckt 20 cm dick mit komposthaltiger Gartenerde ab.** Auch **Rindermist** eignet sich als Wärmepackung, wenngleich er weniger rasch und intensiv als Pferdemist wirkt. **Wer keinen Hof um die Ecke hat, ersetzt den Mist durch Laub, Gartenabfälle und Hornmehl.** Die pflanzliche Bodenheizung kommt nach einigen Wochen Vorlauf richtig in die Gänge, wenn die Rotte einsetzt.

Südliches Gemüse vorziehen

Gurken, Zucchini, Kürbis und **Tomaten** lassen sich nun unter Glas heranziehen. Gönnen Sie den Jungpflanzen Einzeltöpfe: Der Anzuchttopf sollte für Tomaten 6 cm, für Gurken 10 cm und für Kürbis 13 cm breit und möglichst hoch sein. Wenn es die Keimlinge dann sonnig und mäßig warm haben, sind sie zufrieden. Tomaten, Paprika und Chilis macht es nichts aus, und dem Sellerie tut es sogar gut, umgetopft zu werden. Gurken sät man im April aus. Die Topferde ernährt sie dann bis Mitte Mai.

Tomaten gedeihen einzeln im Topf.

Kürbisaussaat

Kürbis und Co sät man am besten in geräumige **Einzeltöpfen** aus.

Gemüseaussaat

Gemüse	opt. Zeit für Vorkultur	Aussat ins Freiland	Saattiefe	Keimtem.	Keimdauer (Tage)	opt. Anzuchttemp.	Tipps
Artischocken	Ende Febr.– Mitte März	–	1–2 cm	18–25 °C	14–25	18 °C	Samen 2–3 Std. in warmem Wasser einweichen
Auberginen	Ende Febr. – Mitte März	–	1 cm	20–25 °C	12–25	18–21 °C	vorm Auspflanzen abhärten
Basilikum	April – Mai	ab Mitte Mai	0*	16–25 °C	14–25	16–18 °C	nicht austrocknen lassen, Blätter nicht nass machen
Gurken, unter Glas	März – Mai	–	1 cm	25–28 °C	6–15	18–20 °C	in relativ große Töpfe säen, nicht hungrig werden lassen, rechtzeitig flüssig düngen oder mit unverletztem Wurzelballen in ein größeres Gefäß setzen
Gurken, im Freiland	Ende April – Mitte Mai	Mitte Mai – Anfang Juli	1 cm	18–25 °C	6–15	16–18 °C	
Zucchini, Kürbis	April – Anfang Mai	April – Mitte Mai	1 cm	20–24 °C	6–15	16–20 °C	
Melonen	Mitte – Ende April	–	1–2 cm	25–28 °C	5–14	18–24 °C	Samen und Pflanzen brauchen Bodenwärme
Knollensellerie	Ende Febr. – März	–	0*	18–22 °C	18–30	16–18 °C	Pikieren ergibt kräftige Wurzeln
Paprika	Mitte Febr. – Mitte März	–	1–2 cm	25–28 °C	10–20	20–22 °C	viel Wärme zum Keimen, danach kühler stellen
Neuseeländer Spinat	Ende März – April	Mitte–Ende April	3–4 cm	24–28 °C	15–40	18–20 °C	Saatgut 24 Std. in Wasser einweichen
Tomaten	Anfang – Mitte März	–	0,5-1 cm	24–28 °C	8–20	15–16 °C	keimen rasch bei Wärme, danach kühler stellen
Zuckermais	ab Anfang April	Anfang Mai – Mitte Juni	3–4 cm	18–25 °C	10–20	15–18 °C	rechtzeitig in größere Töpfe umpflanzen

* Lichtkeimer gar nicht oder nur dünn mit Erde bedecken,das Aussaatgefäß mit durchsichtiger Folie oder Glas abdecken.

Frühe Blüte gegen späten Frost schützen

Gönnen Sie den **spätfrostgefährdeten Frühblühern unter den Obstbäumen einen verlängerten Winterschlaf, indem Sie** eine Mulchschicht über den gefrorenen Wurzelscheiben verteilen. Die Gehölze blühen dann später, weil der Boden später auftaut. Bei **Pfirsichen am Wandspalier** lässt sich der Austrieb zusätzlich mit einem **Vliesmantel** hinausschieben. Sobald sich erste Knospen zeigen, sollten Sie die Gehölze nicht mehr abdecken, weil die Blüten sonst leicht abbrechen.

Trendige Kohlröschen

Die **Kreuzung aus Rosenkohl und Grünkohl** bildet in den Blattachseln kleine Röschen, die aber nicht wie beim Rosenkohl fest geschlossen sind, sondern offen. Jedes Köpfchen besitzt violettfarbene Blattrippen, die in gekrauste Blättchen übergehen. Auf dem Teller liefern sie kein deftiges Kohlaroma, sondern eher einen leicht nussigen Geschmack. **Etwa ab März zieht man die „Flower Sprouts“ auf der warmen Fensterbank vor, ab April sät man ins Freiland.**

Fotos: stock.adobe.com (3): Fineblick, philip kinsey, Pavlo Klymenko; GAP Photos, GAP (3): Jonathan Buckley (2), Gary Smith • Illustrationen: stock.adobe.com (2): Insdes, zzorik

Hecke schneiden

Der **erste Schnitt erfolgt Ende Februar**, der **zweite Ende Juni**. Die Triebe stehen nun noch nicht voll im Saft, weshalb die Wunden nicht ausbluten. Außerdem haben die Vögel ihre Brutplätze im Heckeninneren noch nicht bezogen. **Greifen Sie an einem frostfreien Tag zur Schere**, da sonst entstehende Wunden lange brauchen, um zu verheilen. **Wer früh blühende Gehölze in Form schneiden möchte, wartet damit besser, bis die Sträucher verblüht sind**.

Ovalblättriger Liguster wird nun zurückgeschnitten.

Kleinwüchsige Weiden

- **Schweizer Weide** (*Salix helvetica*): aufrechter Wuchs, bis 150 cm hoch, 140 cm breit, Blüte März bis April, Steingarten;
- **Wollweide** (*S. lanata*): sparriger Wuchs, bis zu 150 cm hoch, Triebe und Knospen wollig behaart, **heckentauglich**
- **Rosmarinweide** (*S. rosmarinifolia*): bis zu 200 cm hoch und 150 cm breit, rosmarinähnliche Blätter, Blüte im April,
- **Engadin-Weide** (*S. hastata 'Wehrhahnii'*): bis zu 125 cm hoch und bis zu 150 cm breit, sehr reiche Blüte von April bis Anfang Mai, **windfest, gedeiht auch im Kübel.**

Anzuchterde selbst mischen

Damit sich **Sämlinge ihre Wurzeln nicht verbrennen, muss Anzuchterde nährstoffarm sein!** Erfahrene Gärtner mischen ihre Anzuchterde aus jeweils **einem Drittel vollreifem Kompost, Sand und Gartenerde.** Mischt man **Bentonit (Tonmineral) und Perlite** darunter, kann die Erde mehr Wasser speichern und wird luftdurchlässiger. Sieben und mischen Sie die Bestandteile immer sorgfältig durch. **Sterilisieren Sie die Anzuchterde im Ofen (200 °C, 30 Min.)**, haben Pilzsporen und Insektenlarven keine Chance.

Nährstoffarme Anzuchterde

Fotos: coramüller/stock.adobe.com; GAP Photos, GAP (2): Richard Bloom, Heather Edwards • Illustrationen: stock.adobe.com (3): dariaustiugova, Marina Lahereva, Katerina Tyschkowskaja

März 2024

4 Mo SA 07:00 SU 18:08		Woche 10
5 Di SA 06:57 SU 18:10		
6 Mi SA 06:55 SU 18:12		
7 Do SA 06:53 SU 18:14		
8 Fr SA 06:51 SU 18:15	Weltfrauentag*	
9 Sa SA 06:49 SU 18:17		
10 So SA 06:46 SU 18:19		

* Feiertag nicht in allen Bundesländern

ab 20 Uhr

			Niederschläge mm	min/max °C

Tiefstellung: 03:03 Uhr

			Niederschläge mm	min/max °C

ab 23 Uhr

			Niederschläge mm	min/max °C

Perpetua und Felizitas,
die bringen uns das erste Gras.

			Niederschläge mm	min/max °C

ab 21 Uhr

			Niederschläge mm	min/max °C

			Niederschläge mm	min/max °C

Perigäum: 08:06 Uhr
Neumond: 10:00 Uhr

ab 12 Uhr

			Niederschläge mm	min/max °C

ungünstig für Aussaat und Pflanzung | besonders günstig für Aussaat und Pflanzung

Illustrationen: Christine Faltermayr

März 2024

Woche 11

11 Mo SA 06:44 SU 18:20	
12 Di SA 06:42 SU 18:22	
13 Mi SA 06:40 SU 18:24	
14 Do SA 06:37 SU 18:26	
15 Fr SA 06:35 SU 18:27	
16 Sa SA 06:33 SU 18:29	
17 So SA 06:31 SU 18:31	

* Feiertag nicht in allen Bundesländern

			Niederschläge mm	min/max °C

Aufsteigender Mondknoten: 02:15 Uhr

			Niederschläge mm	min/max °C

ab 1 Uhr

			Niederschläge mm	min/max °C

ab 17 Uhr

			Niederschläge mm	min/max °C

			Niederschläge mm	min/max °C

			Niederschläge mm	min/max °C

Willst du dicke Bohnen essen,
darfst du Gertrud nicht vergessen.

Erstes Viertel: 15:11 Uhr
Hochstellung: 15:45 Uhr

ab 10 Uhr

			Niederschläge mm	min/max °C

Illustrationen: Christine Faltermayr

ungünstig für Aussaat und Pflanzung — besonders günstig für Aussaat und Pflanzung

März 2024

18 Mo SA 06:28 SU 18:32	Woche 12
19 Di SA 06:26 SU 18:34	
20 Mi SA 06:24 SU 18:36	
21 Do SA 06:22 SU 18:37	
22 Fr SA 06:19 SU 18:39	
23 Sa SA 06:17 SU 18:41	
24 So SA 06:15 SU 18:42	

* Feiertag nicht in allen Bundesländern

			Niederschläge mm	min/max °C

ab 16 Uhr

			Niederschläge mm	min/max °C

			Niederschläge mm	min/max °C

ab 10 Uhr

			Niederschläge mm	min/max °C

			Niederschläge mm	min/max °C

Apogäum: 16:44 Uhr

			Niederschläge mm	min/max °C

ab 9 Uhr

			Niederschläge mm	min/max °C

ungünstig für Aussaat und Pflanzung

besonders günstig für Aussaat und Pflanzung

Illustrationen: Christine Faltermayr

März 2024

25 Mo SA 06:12 SU 18:44	Woche 13
26 Di SA 06:10 SU 18:46	
27 Mi SA 06:08 SU 18:47	
28 Do SA 06:06 SU 18:49	
29 Fr SA 06:03 SU 18:51	Karfreitag
30 Sa SA 06:01 SU 18:52	
31 So SA 06:59 SU 19:54	Ostersonntag

* Feiertag nicht in allen Bundesländern

Vollmond: 08:00 Uhr

			Niederschläge mm	min/max °C

Absteigender Mondknoten: 05:07 Uhr

			Niederschläge mm	min/max °C

Ist an Rupert der Himmel rein,
so wird er's auch im Juni sein.

			Niederschläge mm	min/max °C

ab 5 Uhr

			Niederschläge mm	min/max °C

ab 18 Uhr

			Niederschläge mm	min/max °C

			Niederschläge mm	min/max °C

			Niederschläge mm	min/max °C

ungünstig für Aussaat und Pflanzung — besonders günstig für Aussaat und Pflanzung

Illustrationen: Christine Faltermayr

Der Garten im März

Kräuter für Küche und Hausapotheke

Damit alles wächst, braucht die Spirale einen Sonnenplatz und den richtigen Dreh.

Der kleine Tümpel am Fuß ist nach Norden ausgerichtet.

Phänologie
Vorfrühling

Haselnuss, Seidelbast, Salweide und Schneeglöckchen blühen, auf den Wiesen spitzt das erste Grün, die Bauern säen Sommergetreide. Amseln beginnen mit dem Nestbau. Im Garten werden Gehölze gepflanzt, die letzten Obstbäume und Beerensträucher geschnitten, der Mulch unter den Bäumen entfernt, damit sich der Boden schneller erwärmt, die Gemüsebeete gejätet und vorbereitet.

Steinspirale für Kräuter

Der Durchmesser beträgt 5 m, die Pflanzfläche ist 90 cm breit und der höchste Punkt liegt 80 cm über dem Boden. **Für die sonnig-trockene Zone (ganz oben):** (1) Bergbohnenkraut; (2) Lavendel; (3) Rosmarin; (4) Salbei; (5) Echter Thymian; (6) Ysop; (7) Oregano; (8) Majoran; (9) Weinraute; (10) Johanniskraut; (11) Sommer-Bohnenkraut; **Auf normalem Gartenboden (Mitte):** (12) Basilikum; (13) Schnittlauch; (14) Petersilie; (15) Pimpinelle; (16) Zitronenmelisse; (17) Knoblauchsrauke; (18) Winterheckzwiebel; (19) Etagenzwiebel; (20) Indianernessel; (21) Kümmel; (22) Koriander; (23) Ringelblume; (24) Wilde Rauke; (25) Kamille; (unten): (26) Sauerampfer; (27) Kerbel; (28) Dill; **Direkt am Wasserrand:** (29) Brunnenkresse; (30) Wasserminze

Reiche Ernte im 3. Frühjahr

Grünspargel pflanzen

Einjährige, nackte Wurzelsetzlinge sollten fünf bis sechs Knospen und fleischige Wurzeln haben. Zum Pflanzen den Boden etwa 30 cm tief lockern. Danach einen ca. 20 cm tiefen Graben ausheben und ein wenig Kompost hineingeben. Im Abstand von 40 cm häufeln Sie kleine Erdhügel im Graben an und platzieren Sie die Setzlinge darauf. Verteilen Sie die Wurzeln nach allen Seiten. Beim Auffüllen mit Erde sollten die **Sprossknospen nur etwa 5 cm hoch** bedeckt sein. Hat der Spargel durchgetrieben, wird komplett aufgefüllt. **Jungpflanzen im Topf (Bild) setzen Sie im Abstand von 40 cm jeweils so in ein Pflanzloch, dass der Wurzelballen etwa 3 cm unter der Erdoberfläche liegt.**

Was sonst noch zu tun ist:

- **Ordnung im Erdbeerbeet** schaffen: Schneiden Sie alte, welke Blätter ab und jäten Sie Wildkräuter. Lockern Sie die Erde flach auf und geben Sie etwas Kompost auf das Beet.
- **Entfernen Sie Reisig** und angehäufelte **Erde** von **Rosenstöcken**, sobald die ersten Triebe erscheinen.
- **Sommerblumen** und **einjährige Kletterpflanzen** sollten Sie jetzt auf der Fensterbank vorziehen.
- **Letzte Chance** für die **Pflanzung wurzelnackter Gehölze!** Ab April gibt es nur Containerware (Pflanzen im Topf) in den Baumschulen.
- **Fuchsien, Engelstrompeten, Oleander und Co** beginnen aktiv zu werden. Topfen Sie die Kübelpflanzen im Winterlager nun um und schneiden Sie Vertrocknetes heraus.
- **Rhabarber** können Sie früher ernten, wenn Sie nun einen Eimer oder eine Tonglocke über die ersten Triebspitzen stülpen.

Bist Du schon wach?

Im Vorfrühling im März schläft der Igel meist noch, doch hat er seine Fettreserven weitgehend aufgebraucht. Vermeiden Sie daher jede unnötige Störung, denn sonst reicht seine Kraft womöglich nicht mehr, um aufzuwachen. Wenn der Igel schlank aufwacht, geht er sofort auf die Suche nach Essbarem, wie Insekten, Würmer und Schnecken. **Denn er hat rund 30 % seines Körpergewichts verloren.**

Vereinzeln nicht vergessen

Bei günstiger Witterung bzw. im **Frühbeet** oder **unter Folie** dürfen bereits im März die **ersten Saatkörner früher Möhren-, Radieschen-, Rettich- oder Salat-Sorten in die Erde.** Vergessen Sie nicht, die Pflanzen, nachdem sich die ersten Blätter entwickelt haben, ihren Platzbedürfnissen entsprechend auszudünnen. Frühsorten wachsen am liebsten mit folgendem Abstand zum Nachbar: **Möhren 5–6 cm, Radieschen 3–5 cm, Rettich 15–20 cm, Spinat 6–8 cm, Zwiebeln 5–8 cm.**

Fotos: stock.adobe.com (3): Anneke, Amy, saratm; GAP Photos; mauritius images • Illustrationen: stock.adobe.com (2): doublebubble_rus, Kazakova Maryia; Christine Faltermayr

Ein Vorhang aus Blüten

- Sie erklimmen in kürzester Zeit Zäune und Rankhilfen: **Einjährige Kletterpflanzen** sind die Lösung für alle, die nackte Wände und andere unschöne Anblicke hinter einem Vorhang aus Blüten und Blättern verschwinden lassen möchten.
- **Schwarzäugige Susanne** (*Thunbergia alata*), **Prunkwinde** (*Ipomoea tricolor*) und **Glockenrebe** (*Cobaea scandens*) erreichen rasch **Höhen von 2–3 m**. Auch die **Kanarische Kapuzinerkresse** (*Tropaeolum peregrinum*) ist besonders wüchsig.
- Für **kleine Gerüste** oder den **kahlen Fuß hochstämmiger Kübelpflanzen** ist der zierliche **Rosenkelch** (*Rhodochiton atrosanguineum*) wie geschaffen. **Duftwicken** (*Lathyrus odoratus*) lieben es ebenfalls filigran und umspielen Zaunlatten oder kunstvolle Metallstützen.

Schwarzäugige Susanne pflanzen.

Johannisbeeren in Rot und Blau

Beeren für die ganze Familie

Himbeerernte

Beerenobst liefert in der Regel innerhalb eines Jahres nach der Pflanzung die ersten Früchte. Da die meisten erst im Juni blühen, erfrieren die Blüten selten, das heißt, die Pflanzen tragen jedes Jahr. Die Pflege ist einfach und erfordert keinerlei Fachkenntnisse. Beerenobst-Gärtner kennen **keinen Erntestress,** denn bei den meisten Arten reifen die Früchte nicht innerhalb kurzer Zeit, sondern nach und nach.
Ernte und Schnitt lassen sich bequem vom Boden aus **ohne Leiter und großen Aufwand** erledigen.
Das **Grundsortiment** kann nach Belieben variiert und um weitere Arten ergänzt werden. **Himbeeren, Johannisbeeren, Stachelbeeren, Mini-Kiwis oder Heidelbeeren fühlen sich in einem ausreichend großen Gefäß auch auf Balkon oder Terrasse wohl und liefern selbst dort beachtliche Ernten.**

Taybeere

Der kleine Beerengarten

Den Bedarf einer vierköpfigen Familie decken zum Beispiel:
10–15 Himbeeren
2–3 Rote Johannisbeeren
1–2 Weiße Johannisbeeren
2–3 Schwarze Johannisbeeren
1 Brombeere
2–3 Stachelbeeren
2 Mini-Kiwis
3–4 Kultur-Heidelbeeren
2–3 Apfelbeeren

Johannisbeerblüte

Stachelbeere

Brombeere

Kiwi

Fotos: stock.adobe.com (6): CHROMORANGE, liubovyashkir, Franco Nadalin, Sinuswelle, Swetlana Wall, Xavier • Illustration: Xavier/stock.adobe.com

Der Gundermann bildet lange Ranken.

Aromaplättchen Gundermann

Ausdauernd und wintergrün rankt sich der Gundermann (*Glechoma hederacea*) durch den schattigen wie sonnigen Garten: Wenn er seine **bläulich-violetten Lippenblüten ab März** öffnet, ist der beste Zeitpunkt, um zuzugreifen. **Denn die nieren- bis herzförmigen, gebuchteten Blätter schmecken dann besonders würzig-herb, verfeinern Salate sowie Quarkspeisen und sind als spinatähnliches Gemüse verwendbar.** Zu finden ist der Gundermann traditionell in der **Neunerlei-Suppe**, außerdem tauchen Gourmets die frischen **Blätter in flüssige Schokolade** und servieren diese als **hauchfeine Plättchen**.

Gesteinsmehl – was ist das?

- Gesteinsmehle werden aus **Natursteinen wie Basalt, Granit oder Lava** hergestellt.
- Sie **binden mit ihrer kristallinen Struktur Nährstoffe im Boden**, wodurch diese den Pflanzen besser zur Verfügung stehen.
- Regenwürmer bauen sie in **Ton-Humus-Komplex-Krümel** ein, die für gut **durchlüftete Böden** mit guter **Wasserspeicherfähigkeit** sorgen.
- Gesteinsmehle beinhalten oft viel Kieselsäure, welche die **Widerstandskraft der Pflanzen stärkt**.
- Bei einem **alkalischen Boden** wählen Sie ein **Gesteinsmehl mit geringem Kalkgehalt**.

Gesteinsmehl kann man in Pflanzenjauchen einrühren oder auf Beetflächen verstreuen.

Holunder schneiden

Für einen **Verjüngungsschnitt** ist belässt man etwa **sieben Hauptstämme**, der Rest wird herausgenommen. Danach und künftig jährlich im Herbst entfernt man die abgetragenen zweijährigen Äste und krankes oder totes Holz. Ein regelmäßiger Schnitt verhilft zu üppigerer Blüte und mehr Beeren. **Wer wenig Platz hat**, kann einen jungen Holunder **zu einem Hochstamm** erziehen.

Rosenblüte am Bogen

Junge Triebe wachsen meist senkrecht nach oben und nur die Knospen an der Spitze treiben aus, denn der Saftstrom bevorzugt stets die höchst gelegene Knospe. **Verlaufen die Triebe dagegen in einem flachen Winkel, wird die Wirkung des Saftstroms ausgeglichen** und es bilden sich **viel mehr Blüten. Deshalb biegt man lange kräftige Ruten Ende Februar bis Ende März vorsichtig in einen Winkel von 25° zur Waagrechten herunter** und bindet sie an der Kletterhilfe fest. **Vorsicht: Nach unten gekrümmte Ruten bilden ebenfalls keine Blüten!** Zur Forsythien-Blüte kürzt man **bei öfterblühenden Rosen etwa 50 % der Seitentriebe** auf **drei bis fünf Augen** ein, weil sie die meisten Blüten an neuen Seitentrieben bilden.

April 2024

1 Mo SA 06:57 SU 19:56	Ostermontag	Woche 14
2 Di SA 06:54 SU 19:57		
3 Mi SA 06:52 SU 19:59		
4 Do SA 06:50 SU 20:01		
5 Fr SA 06:48 SU 20:02		
6 Sa SA 06:46 SU 20:04		
7 So SA 06:43 SU 20:06		

* Feiertag nicht in allen Bundesländern

Tiefstellung: 10:59 Uhr

ab 4 Uhr

			Niederschläge mm	min/max °C

Letztes Viertel: 05:15 Uhr

Sturm und Wind an Rosamunde
bringt dem Bauern gute Kunde.

			Niederschläge mm	min/max °C

ab 9 Uhr

			Niederschläge mm	min/max °C

			Niederschläge mm	min/max °C

ab 8 Uhr

			Niederschläge mm	min/max °C

			Niederschläge mm	min/max °C

Perigäum: 19:53 Uhr

ab 0 Uhr

			Niederschläge mm	min/max °C

ungünstig für Aussaat und Pflanzung besonders günstig für Aussaat und Pflanzung

Illustrationen: Christine Faltermayr

April 2024

Woche 15

8 Mo SA 06:41 SU 20:07	
9 Di SA 06:39 SU 20:09	
10 Mi SA 06:37 SU 20:11	
11 Do SA 06:35 SU 20:12	
12 Fr SA 06:32 SU 20:14	
13 Sa SA 06:30 SU 20:16	
14 So SA 06:28 SU 20:17	

* Feiertag nicht in allen Bundesländern

Aufsteigender Mondknoten: 12:48 Uhr
Neumond: 20:21 Uhr

			Niederschläge mm	min/max °C

ab 13 Uhr

			Niederschläge mm	min/max °C

			Niederschläge mm	min/max °C

ab 4 Uhr

			Niederschläge mm	min/max °C

			Niederschläge mm	min/max °C

ab 19 Uhr

			Niederschläge mm	min/max °C

Grüne Felder auf Tiburtiustag ziehen viel Getreide nach.

Hochstellung: 00:36 Uhr

			Niederschläge mm	min/max °C

ungünstig für Aussaat und Pflanzung — besonders günstig für Aussaat und Pflanzung

Illustrationen: Christine Faltermayr

April 2024

	Woche 16
15 Mo SA 06:26 SU 20:19	
16 Di SA 06:24 SU 20:21	
17 Mi SA 06:22 SU 20:22	
18 Do SA 06:20 SU 20:24	
19 Fr SA 06:17 SU 20:26	
20 Sa SA 06:15 SU 20:27	
21 So SA 06:13 SU 20:29	

* Feiertag nicht in allen Bundesländern

Erstes Viertel: 21:13 Uhr

Niederschläge mm | min/max °C

ab 0 Uhr

Niederschläge mm | min/max °C

ab 17 Uhr

Niederschläge mm | min/max °C

Niederschläge mm | min/max °C

Niederschläge mm | min/max °C

Apogäum: 04:09 Uhr

ab 16 Uhr

Niederschläge mm | min/max °C

Niederschläge mm | min/max °C

ungünstig für Aussaat und Pflanzung

besonders günstig für Aussaat und Pflanzung

Illustrationen: Christine Faltermayr

April 2024

	Woche 17
22 Mo SA 06:11 SU 20:31	
23 Di SA 06:09 SU 20:32	
24 Mi SA 06:07 SU 20:34	
25 Do SA 06:05 SU 20:36	
26 Fr SA 06:03 SU 20:37	
27 Sa SA 06:01 SU 20:39	
28 So SA 05:59 SU 20:41	

* Feiertag nicht in allen Bundesländern

Wenn vor Georgi Regen fehlt,
wird man nachher damit gequält.

Absteigender Mondknoten: 12:48 Uhr

			Niederschläge mm	min/max °C

			Niederschläge mm	min/max °C

Vollmond: 01:49 Uhr

ab 12 Uhr

			Niederschläge mm	min/max °C

			Niederschläge mm	min/max °C

ab 1 Uhr

			Niederschläge mm	min/max °C

			Niederschläge mm	min/max °C

Tiefstellung: 16:28 Uhr

ab 9 Uhr

			Niederschläge mm	min/max °C

Illustrationen: Christine Faltermayr

ungünstig für Aussaat und Pflanzung — besonders günstig für Aussaat und Pflanzung

April / Mai 2024

29 Mo SA 05:58 SU 20:42	Woche 18
30 Di SA 05:56 SU 20:44	
1 Mi SA 05:54 SU 20:45	Tag der Arbeit
2 Do SA 05:52 SU 20:47	
3 Fr SA 05:50 SU 20:49	
4 Sa SA 05:48 SU 20:50	
5 So SA 05:47 SU 20:52	

* Feiertag nicht in allen Bundesländern

			Niederschläge mm	min/max °C

ab 15 Uhr

			Niederschläge mm	min/max °C

Letztes Viertel: 13:27 Uhr

			Niederschläge mm	min/max °C

ab 15 Uhr

			Niederschläge mm	min/max °C

			Niederschläge mm	min/max °C

ab 9 Uhr

			Niederschläge mm	min/max °C

Regen zu Christi Himmelfahrt,
macht dem Bauern die Erde hart.

			Niederschläge mm	min/max °C

ungünstig für Aussaat und Pflanzung — besonders günstig für Aussaat und Pflanzung

Illustrationen: Christine Faltermayr

Arbeitskalender der zehn Jahreszeiten

Mondphase	Günstige Tage	Säen	Pflanzen
	21.–24.03., 01.–03.04., 09.–11.04., 17.–20.04., 28.–30.04.	Markerbsen, Schalerbsen, Melonen[H], Paprika[H]	Obstgehölze, Tomaten pikieren
	14.–17.03., 24.–28.03., 03.–05.04., 11.–13.04., 20.–24.04.	Haferwurzeln, Knollensellerie[H], Möhren (frühe Sorten), Pastinaken, Petersilienwurzel, Radieschen (frühe Sorten)[F,G], Schwarzwurzeln	Steckzwiebeln, Kartoffeln vorkeimen
	17.–19.03., 28.–29.03., 05.–07.04., 13.–16.04., 24.–26.04.	Amaranth[H], Blumenwiese, Brokkoli[F], Cardy[F], Edelwicken, Kümmel, Leberbalsam[H], Löwenmaul[H], Mädchenauge[H], Petunien[H], Schmuckkörbchen (Kosmos)[H], Sommerazalee, Trichterwinde[H]	Sämlinge pikieren, Stauden: Sommer- und Herbstblüher, Wild- und Ziergehölze, Dahlien
	19.–21.03., 29.03.–01.04., 07.–09.04., 16.–17.04., 26.–28.04.	Blumenkohl[F], Grünkohl[F], Kohlrabi[F], Kopf-, Pflück- und Schnittsalate, Pak Choi[F], Petersilie, Lauch[F], Rasen, Rot-, Weiß- und Wirsingkohl[F]	

[H] = Haus: Fensterbank oder unter Folie [G] = Gewächshaus: Aus Energiespargründen unbeheizt

Erstfrühling: Mitte März bis Ende April

Pflegen	Ernten
Ende Obstbaumschnitt	
	Salate im Gewächshaus, Samenernte Feldsalat

^{F} = *Frühbeet: Mit Wärmepackung aus frischem Pferdemist, sonst später aussäen*

Illustrationen: Christine Faltermayr

Der Garten im April

Wurzelgemüse aussäen

Wurzelgemüse sät man besser direkt **in Reihen** ins Beet, dann bilden die Pflanzen von Anfang an lange gerade Wurzeln, mit denen sie sich ihr Trinkwasser aus tiefen feuchten Bodenschichten holen können. Nur **Knollensellerie** sät man fast immer in Töpfchen auf der Fensterbank aus, und zwar schon Mitte März.

- Ausschlaggebend für den Erfolg ist es, dass Sie **zu dicht wachsende Pflanzen rechtzeitig auszupfen.**
- Wurzelgemüse brauchen einen **tief gelockerten, mittelstark gedüngten Boden.** Nur **Sellerie** macht eine Ausnahme und gilt als Vielfraß.

Phänologie
Erstfrühling

Forsythie, Stachelbeere und Johannisbeere fangen an zu blühen, wenig später Kirsche, Zwetschge und Birne, gefolgt von der Schlehe. In Wald und Flur öffnen Buschwindröschen und Schlüsselblumen ihre Blüten. Im Garten werden Kartoffeln gelegt und erste Gemüse gesät, wie frühe Möhren, Erbsen, Pastinaken oder schnelle Radieschen. Ein Vlies schützt sie vor den immer noch kalten Nächten.

Aussaattabelle

Gemüse	Direktsaat	Vorkultur (Pflanzung 4–5 Wochen später)
Möhren	ab April bis Juni	nur kleine Anzahl, z.B. fürs Hochbeet
Knollensellerie	nein	ab März in Einzeltöpfchen
Rote Bete	ab April bis Juni	ab April in Einzeltöpfchen
Pastinake	ab März bis Juni	nicht üblich
Wurzelpetersilie	ab April bis Mai	nur kleine Anzahl, z.B. fürs Hochbeet
Weißer Rettich	ab April bis Juni	nicht üblich, nur bei kleinen Mengen
Schwarzer Rettich	ab Mai bis Juli	ab Mai in Einzeltöpfchen
Schwarzwurzel	ab März	nein, Wurzeln werden meist krumm
Mai- und Herbstrüben	ab April bzw. im September	ab April und im September
Steckrüben	ab Mai	ab April in Töpfen oder Aussaatschalen

Fotos: stock.adobe.com (5): ; Dar1930, dementevajulia, olgabondar, Marc, Redzen; GAP Photos, GAP/Robert Mabic
Illustrationen: stock.adobe.com (3): Lyubov Tolstova, photosvac, Sabine Schukowez; Christine Faltermayr

Prächtige Sommerblüten

Mitte, Ende April ist die richtige Zeit, um **im Sommer blühende Zwiebeln und Knollen** unter die Erde zu bringen: **Sommerhyazinthen** (*Galtonia*), **Sterngladiolen** (*Acidanthera*), **Gladiolen** (*Gladiolus*), **Freesien** (*Freesia*), **Tigerblume** (*Tigridia pavonia*), **Montbretien** (*Crocosmia*). Legen Sie die Zwiebeln in der auf dem Etikett angegebenen Pflanztiefe in gelockerten und mit Kompost versorgten Boden. **Dahlien-** und **Begonienknollen** setzt man erst Ende April, denn deren junge Triebe sind sehr frostempfindlich.

Die Byzantinische Wildgladiole mit magentaroten Blütenähren ist sogar winterhart.

Der Elfenbeinginster 'White Lion' blüht von Mai bis Juni.

Ginster-Vielfalt

Der bekannteste Vertreter aus der Famlie der Ginster ist wohl der **Besenginster** (*Cytisus scoparius*). Dass der Frühlingsblüher nicht immer gelb sein muss, beweist auch der duftende **Elfenbeinginster** (*Cytisus x praecox*): Wächst er auf neutralem oder saurem Boden, wird er bis zu 2 m hoch. Wer nicht so viel Platz hat, greift besser zum **Kriechginster** (*Cytisus decumbens*). Ginster blühen von April **(Elfenbeinginster)** bis August **(Färberginster)**.

Obstbäume gezielt einbremsen

Erfahrene Obstgärtner setzen den **Schnitt nach dem Austrieb aber gezielt ein, um stark wachsende Bäume etwas zu beruhigen.** Jetzt ist die Zeit auch günstig, um bei **jungen Bäumen steil abstehende Seitenäste** ins Lot zu bringen. Senkrecht wachsende Triebe wachsen stärker als waagerechte und nehmen dem Baum die nötige Ruhe. Die braucht er, um Blütenknospen anzulegen.

Rokoko-Kräuterbäumchen ziehen

Rosmarin

Alle Kräuter mit holzigen Trieben lassen sich als Stämmchen erziehen (siehe Tabelle). Die **Anzucht eines Kräuterbäumchens** beginnen Sie am besten mit einem **Steckling** oder Sie kaufen sich eine junge Pflanze, die **nur einen unverzweigten Trieb** besitzt.

Die besten Kräuterbäumchen

Sortennamen	formaler Schnitt	lockere Krone
Myrte (*Myrtus communis*)	√	√
Rosmarin (*Rosmarinus officinalis*)	√	√
Zitronenverbene (*Aloysia triphylla*)	–	√
Lavendel-Arten (*Lavandula officinalis, dentata* u.a.)	√	√
Duftpelargonien (*Pelargonium crispum, P. graveolens, P. radens* u.a.)	–	√
Heiligenkraut, Olivenkraut (*Santolina chamaecyparis, S. virens, S. rosmariniifolia*)	√	√
Zwergsalbei (*Salvia officinalis 'Nana'*)	–	√
Lorbeer (*Laurus nobilis*)	√	√

Heiligenkraut

Der in die Höhe strebende Trieb wird alle paar Zentimeter erneut an einen Bambusstab angebunden. **Brechen Sie alle Seitentriebe aus**, sobald diese mit Daumen und Zeigefinger zu fassen sind (1). Wenn der Mitteltrieb etwa so lang oder etwas länger ist, als der spätere Stamm des Bäumchens sein soll, dann **kneifen Sie die Spitzenknospe aus** (2). Der Trieb verzweigt sich daraufhin. Sie lassen aber nur die 3–5 oberen Seitenzweige, die das Kronengerüst bilden sollen, wachsen. Am Stamm werden nach wie vor **alle Nebentriebe ausgebrochen** (3). Bei der weiteren Erziehung der Krone gehen Sie nach Gefühl und Augenmaß vor. Kräuter mit feinem Laub eignen sich für einen streng geometrischen Schnitt. Salbei, Duftpelargonie und Zitronenverbene lässt man etwas freier wachsen. Die Größenverhältnisse erscheinen bei einem Bäumchen ausgewogen, wenn sein Stamm 1,5–2-mal so lang wie die runde Krone hoch ist.

Fotos: stock.adobe.com (4): Calandra, Rafal Rutkowski, VICHAILAO, wiw; Friedrich Strauss • Illustrationen: stock.adobe.com (2): Xavier, womue; Christine Faltermayr

Studentenblumen locken Bienen.

Studentenblumen im Hochbeet.

Beliebter Gemüse-Partner

Studentenblumen (*Tagetes patula, Tagetes tenuifolia*) sind **ideale Partner für Gemüse und Salate.** Sie kommen mit allen Arten gut zurecht wie **Bohnen, Gurken, Kartoffeln, Kohl, Lauch, Petersilie, Salat, Tomaten, Sellerie, Mangold oder Zwiebeln.** Studentenblumen geben über ihre Wurzeln Stoffe ab, die das **Bodenleben positiv beeinflussen**, sie **behindern die Entwicklung von pflanzenschädlichen Nematoden** und **vertreiben Ameisen, Weiße Fliegen** und **Lauchmotten.** Studentenblumen bieten sich zudem als **Schneckenlieblings-pflanzen** an, um Gemüse wirkungsvoll zu verschonen.

Raus ins Freie mit den Feigen

Wer bis zum Herbst reife Früchte ernten möchte, muss die Pflanzen **so bald wie möglich ins Freie** stellen, möglichst zunächst einen **geschützten, schattigen Platz.** Vorsichtige Gärtner **halten bei angekündigtem Frost ein Vlies bereit** oder holen ihre Schützlinge vorübergehend ins Haus. **Feigen, die im Garten wachsen, treiben später aus, meist erst nach den Frösten.**

Robuste Sorten: 'Brown Turkey', 'Lussheim' und 'Martinsfeige'

Was sonst noch zu tun ist:

- Gewöhnen Sie **junge Gemüsepflanzen** aus dem Gewächshaus erst an niedrige Temperaturen, bevor Sie sie ins Beet pflanzen.
- **Kohlrabi**, die gleichmäßig mit Wasser versorgt sind, platzen weniger schnell auf.
- Zu groß gewordene **Ziergräser** kann man mit dem Spaten oder der Grabegabel aus der Erde heben und in kleinere Einheiten teilen.
- Holen Sie **üppige Prachtblüher** wie Pfingstrosen oder Rittersporn mit Kompost und Hornspänen aus dem Winterschlaf.
- Mähen Sie den **Rasen** im Frühjahr nicht zu kurz, damit sich die Gräser besser gegen die Unkräuter durchsetzen können.
- Sobald die **Erdbeeren** in voller Blüte stehen, ist es Zeit für eine Mulchschicht. So bleiben die Früchte sauber und gesund.
- Setzen Sie Ihren **Kompost** um, damit das durchmischte Material schneller verrottet.

Eine muntere Truppe

Feld- und Hausspatzen lieben das Leben in der Gruppe. Fast nie sieht man sie alleine, vielmehr stets in Trupps. Die **Brutzeit beginnt Mitte bis Ende April. Es werden meist 4–6 Eier gelegt.** Diese sind weiß bis bräunlich mit grauen bis braunen Flecken. Nach etwa **2 Wochen schlüpft aus den Eiern Nachwuchs. 2–3 Wochen später fliegen die Jungen aus, nach weiteren rund 2 Wochen ernähren sie sich selbstständig.**

Kartoffeln im April

Pflanzen Sie die **vorgekeimten Kartoffeln** ab Mitte April ins Freie. Die **Keime der Knollen sollten kräftig, kompakt und 2 cm bis maximal 3 cm lang** sein, damit sie beim Legen nicht so leicht abbrechen. Die Kartoffeln wachsen zügig weiter, wenn der **Boden mindestens 8 °C** warm ist. Am besten legt man die **Knollen 5–10 cm tief** in gut gelockerte, mit Kompost versorgte Erde. Auf nassen, kalten Böden pflanzt man eher höher, in trockenen Regionen eher etwas tiefer.

Beim Legen aufpassen, dass die Keime nicht abbrechen.

Fotos: stock.adobe.com (2): Rolf Mueller, Rodimov Pavel; GAP Photos • Illustrationen: stock.adobe.com (2): cmwatercolors, ilyakalinin; Christine Faltermayr

FÜR DEIN FLECKCHEN ERDE
Reduzierter CO_2-Fußabdruck
COMPO FOOT-PRINT
COMPO
COMPO SANA
QUALITÄTS-BLUMENERDE
FÜR ZIMMER-, BALKON- UND GARTENPFLANZEN
50 L
COMPO SANA
COMPO
BIO
UNIVERSALERDE
für alle Garten- und Balkonpflanzen
100% TORFFREI
20 L
Mehr Infos:
COMPO

Mai 2024

Woche 19

6 Mo SA 05:45 SU 20:53	
7 Di SA 05:43 SU 20:55	
8 Mi SA 05:41 SU 20:57	
9 Do SA 05:40 SU 20:58	Christi Himmelfahrt
10 Fr SA 05:38 SU 21:00	
11 Sa SA 05:36 SU 21:01	
12 So SA 05:35 SU 21:03	

* Feiertag nicht in allen Bundesländern

Aufsteigender Mondknoten: 00:01 Uhr
Perigäum: 00:11 Uhr

ab 23 Uhr

			Niederschläge mm	min/max °C

			Niederschläge mm	min/max °C

Neumond: 05:22 Uhr

ab 15 Uhr

			Niederschläge mm	min/max °C

			Niederschläge mm	min/max °C

Gordian – man nicht trauen kann.

			Niederschläge mm	min/max °C

Eisheiliger „Mamertus“

Hochstellung: 09:45 Uhr

ab 5 Uhr

			Niederschläge mm	min/max °C

Eisheiliger „Pankratius“

			Niederschläge mm	min/max °C

ungünstig für Aussaat und Pflanzung — besonders günstig für Aussaat und Pflanzung

Illustrationen: Christine Faltermayr

Mai 2024

Woche 20

13 Mo SA 05:33 SU 21:04	
14 Di SA 05:32 SU 21:06	
15 Mi SA 05:30 SU 21:07	
16 Do SA 05:29 SU 21:09	
17 Fr SA 05:28 SU 21:10	
18 Sa SA 05:26 SU 21:12	
19 So SA 05:25 SU 21:13	Pfingstsonntag

* Feiertag nicht in allen Bundesländern

Eisheiliger „Servatius“

ab 8 Uhr

			Niederschläge mm	min/max °C

Eisheiliger „Bonifatius“

			Niederschläge mm	min/max °C

Eisheilige „Sophia“

Erstes Viertel: 13:48 Uhr

ab 1 Uhr

			Niederschläge mm	min/max °C

			Niederschläge mm	min/max °C

Apogäum: 21:00 Uhr

			Niederschläge mm	min/max °C

ab 0 Uhr

			Niederschläge mm	min/max °C

Absteigender Mondknoten: 18:35 Uhr

			Niederschläge mm	min/max °C

ungünstig für Aussaat und Pflanzung

besonders günstig für Aussaat und Pflanzung

Illustrationen: Christine Faltermayr

Mai 2024

20 Mo SA 05:24 SU 21:14	Pfingstmontag	Woche 21
21 Di SA 05:22 SU 21:16		
22 Mi SA 05:21 SU 21:17		
23 Do SA 05:20 SU 21:19		
24 Fr SA 05:19 SU 21:20		
25 Sa SA 05:18 SU 21:21		
26 So SA 05:17 SU 21:22		

* Feiertag nicht in allen Bundesländern

			Niederschläge mm	min/max °C

Wie zu Dreifaltigkeit das Wetter fällt,
es bis zum Monatsende anhält.

ab 20 Uhr

			Niederschläge mm	min/max °C

			Niederschläge mm	min/max °C

Vollmond: 15:53 Uhr

ab 8 Uhr

			Niederschläge mm	min/max °C

			Niederschläge mm	min/max °C

Tiefstellung: 21:58 Uhr

ab 15 Uhr

			Niederschläge mm	min/max °C

			Niederschläge mm	min/max °C

ungünstig für Aussaat und Pflanzung — besonders günstig für Aussaat und Pflanzung

Illustrationen: Christine Faltermayr

Mai / Juni 2024

Woche 22

27 Mo SA 05:16 SU 21:24	
28 Di SA 05:15 SU 21:25	
29 Mi SA 05:14 SU 21:26	
30 Do SA 05:13 SU 21:27	Fronleichnam*
31 Fr SA 05:12 SU 21:28	
1 Sa SA 05:11 SU 21:29	
2 So SA 05:10 SU 21:30	

* Feiertag nicht in allen Bundesländern

ab 20 Uhr

			Niederschläge mm	min/max °C

			Niederschläge mm	min/max °C

ab 21 Uhr

			Niederschläge mm	min/max °C

Letztes Viertel: 19:13 Uhr

			Niederschläge mm	min/max °C

ab 15 Uhr

			Niederschläge mm	min/max °C

Justin klar, gutes Jahr.

			Niederschläge mm	min/max °C

Aufsteigender Mondknoten: 05:00 Uhr
Perigäum: 09:23 Uhr

			Niederschläge mm	min/max °C

ungünstig für Aussaat und Pflanzung

besonders günstig für Aussaat und Pflanzung

Illustrationen: Christine Faltermayr

Arbeitskalender der zehn Jahreszeiten

Mondphase	Günstige Tage	Säen	Pflanzen
	06.–08.05., 15.–18.05.	Gurken[F,G], Kürbis[F,G], Melonen[F,G], Paprika[F,G], Prunkbohnen, Zucchini[F,G], Zuckermais	Obstgehölze, Containerpflanzen
	30.04.–02.05., 08.–11.05., 18.–21.05.	Haferwurzel, Mairübchen, Möhren, Radieschen, Rettich, Rote Bete, Schwarzwurzeln, Zwiebeln	Kartoffeln, Knoblauch
	02.–04.05., 11.–13.05., 21.–23.05.	Kornblumen, Mädchenauge, Schmuckkörbchen, Ringelblumen, Tagetes und viele andere Einjährige Sommerblumen	Sämlinge pikieren, Wasserpflanzen
	04.–06.05., 13.–15.05., 23.–25.05.	Grünkohl, Kohlrabi, Kopf-, Pflück- und Schnittsalate, Mangold, Spinat	Rot-, Weißkohl, Wirsingkohl, Rosenkohl, Kohlrabi, Salate

Arbeitskalender der zehn Jahreszeiten

Mondphase	Günstige Tage	Säen	Pflanzen
	25.–27.05., 03.–05.06., 11.–14.06., 21.–24.06.	Buschbohnen, Stangenbohnen, Feuerbohnen, Gurken, Kürbis, Zucchini, Zuckererbsen, Zuckermais	Vorgezogene Pflanzen wie Gurken, Kürbis, Paprika, Tomaten, Zucchini
	27.–29.05., 05.–07.06., 14.–18.06., 24.–26.06.	Mairüben, Möhren, Radieschen, Rettich, Rote Bete	
	29.05.–31.05., 07.–09.06., 18.–19.06., 26.–27.06.	Bartnelken, Fingerhut, Goldlack, Hornveilchen, Kalifornischer Mohn, Stiefmütterchen, Stockrosen und viele mehr	Artischocken, alle vorgezogenen Sommerblumen, Wasserpflanzen, Balkonblumen
	31.05.–03.06., 09.–11.06., 19.–21.06., 27.–30.06.	Kohlrabi, Kopf-, Pflück- und Schnittsalate, Winterendivien	Grünkohl, Kohlrabi, Salate

[H] = Haus: Fensterbank oder unter Folie [G] = Gewächshaus: Aus Energiespargründen unbeheizt

Vollfrühling: erste drei Maiwochen

Pflegen	Ernten
Vorgezogene Tomaten allmählich abhärten	
Zwischen den auflaufenden Möhren hacken, Boden lockern, Sämlinge rechtzeitig verziehen	Radieschen im Gewächshaus
Vorgezogene Blumen abhärten	
	Salate im Gewächshaus

Frühsommer: Ende Mai bis Ende Juni

Pflegen	Ernten
Mulchen	Erdbeeren
Boden zwischen den Reihen lockern, Sämlinge rechtzeitig verziehen, gießen, Boden mulchen	Möhren, Radieschen
Kohlpflanzen anhäufeln und mit Pflanzenjauchen düngen	Kopfsalat

F = Frühbeet: Mit Wärmepackung aus frischem Pferdemist, sonst später aussäen

Illustrationen: Christine Faltermayr

Der Garten im Mai

Gemüsebeet im sonnigen Vorgarten

In unserem Beispiel fühlen sich **Tomaten** vor der Hauswand mit Dachüberstand wohl. Feinschmecker wählen ungewöhnliche Sorten, etwa die schwarze 'Black Cherry', die gelbe 'Yellow Pear' oder die gestreifte 'Tigerella'. Eine **Zucchinipflanze** genügt, um eine vierköpfige Familie zu versorgen. **Mangold, Bohnen und Salate** in bunten Sorten bringen Farbe ins Beet und auf den Teller. **Rauke** und **Kräuter** sorgen für Würze. **Bohnen**, Tomaten und Zucchini kommen erst ab Mitte Mai ins Freie. Auf den Flächen kann man vorher ab März **Radieschen** ziehen.

(1) Tomaten; (2) Buschbohnen;
(3) Mangold buntstielig;
(4) Zucchini; (5) Petersilie;
(6) Schnittlauch; (7) Möhren;
(8) Salate; (9) Wilde Rauke

Phänologie
Vollfrühling

Löwenzahn, Maiglöckchen, Apfel und Flieder blühen, der Kuckuck ist zurück und ruft nach einer Partnerin. Im Garten werden Stauden gepflanzt, Knollen und Zwiebeln von Dahlien, Begonien und Gladiolen gesetzt, der Rasen erstmals gemäht, abgeblühte Sträucher zurückgeschnitten. Ab Mitte des Monats dürfen auch kälteempfindliche Gemüse wie Tomaten oder Paprika aufs Beet ins Freie.

Fotos: stock.adobe.com (3): Estrelle, saratm, vladk213; GAP Photos (2); Friedrich Strauss • Illustration: stock.adobe.com (2): daria, koltsova; Christine Faltermayr (2)

Apfelbaum: Säule oder Spindel?

Säulenäpfel, auch **Ballerina-Bäume** genannt, bleiben mit max. 2,5–3 m Höhe klein und sehr schmal, ganz ohne große Schnittmaßnahmen. Beim Ertrag und Geschmack ist aber bis auf wenige Ausnahmen viel Luft nach oben. Deshalb ist für viele Gärtner, die nicht viel Platz haben, die **Spindelform** attraktiver. Ein Spindelbaum ist **kleinkronig, bringt aber auf kleiner Fläche verhältnismäßig viel Ertrag.** Allerdings ist die Spindelform eine Erziehungssache, was bedeutet, dass die Bäume regelmäßig fachgerecht geschnitten und gepflegt werden müssen. **Achten Sie beim Kauf eines Spindelbaums auf eine schwachwachsende Unterlage wie M9, P22 oder M27.**

Klematis pflanzen

Waldreben wachsen am besten, wenn sie ihre Wurzeln in feuchtem, kühlen Boden ausbreiten und ihre Triebe in die Sonne strecken können. Damit die zarte Schönheit auch strenge Winter übersteht, setzen Sie sie drei bis vier Knospen tief in die Erde. **Pflanzen Sie den Wurzelballen etwas schräg zur Kletterhilfe, dann wird die Klematis bald luftige Höhen erklimmen.** Gießen Sie die Pflanze gut an. **Eine dicke Mulchschicht sorgt dafür, dass die Erde nicht so schnell austrocknet.**

Die Klematis leicht schräg zum Rankgerüst pflanzen, dann den Stab entfernen.

Mini-Garten für Kräuterfans

Sie haben nur wenig Platz zur Verfügung? Das macht nichts! **Kräuter** gedeihen in **Kästen** oder **Töpfen** hervorragend. **Egal ob Balkon oder Terrasse, Sonne oder Halbschatten, sie bereichern die Küche und duften um die Wette.**

Teichmolch im Nass

Nach ihrem Erwachen im Frühling ist es für die Molche ideal, wenn der **fischfreie Gartenteich** nah ist. Und wenn dessen **Ufersäume** so **flach** sind, dass die Lurche gut ins Nass ein- und aussteigen können, dann werden sie dort gerne Hochzeit feiern. **Bei diesem Treiben kann man ihnen in klarem Wasser zusehen, ebenso beim Schwimmen und beim Luftholen**, wozu die erwachsenen Tiere, im Gegensatz zu den jungen Molchen, an die Wasseroberfläche kommen.

Rasen aussäen

Der späte Frühling ist die ideale Zeit, um Rasen anzusäen: Der Boden ist angewärmt und feucht genug, um die keimenden Samen und die jungen Pflänzchen mit Wasser zu versorgen. Wenn Sie nicht mit dem Streuwagen, sondern breitwürfig mit der Hand säen wollen, suchen Sie sich dafür einen windstillen, trockenen Tag aus. Im Idealfall ist für die Nacht Regen vorhergesagt.

Fotos: stock.adobe.com (6): codo97, freila, Nancy J. Ondra, petrabarz, phototrip.cz, I. Rottländer; GAP/Robert Mabic • Illustration: Christine Faltermayr

Wermut für Küche, Naturheilkunde und Pflanzenjauche ernten.

Artemisien-Vielfalt

Wermut 'Powis Castle'

Zur Gattung Artemisia gehören neben **Wermut** (*Artemisia absinthium*) noch viele weitere nützliche Kräuter, wie **Eberraute** (*A. abrotanum*), **Cola-Strauch** (*A. abrotanum var. maritima*), **Beifuß** (*A. vulgaris*) und **Estragon** (*A. dracunculus*). Die mehr oder weniger gefiederten Blätter der Artemisia-Arten sind **in der Küche, für Naturheilzwecke und zum Räuchern** verwendbar. Sie enthalten sehr viele Bitterstoffe und ätherische Öle. Das macht z.B. die **Eberraute und den Cola-Strauch nicht nur zur verdauungsfördernden Beigabe zum Braten, sondern zum Geheimtipp gegen die Weiße Fliege.** Für das Staudenbeet sehr schön sind die silberlaubigen **Wermut 'Powis Castle'** und **'Lambrook Silver'**.

Beifuß

Was sonst noch zu tun ist:

- **Johannisbeersträucher** sollten Sie bei Trockenheit gießen. Leiden die Flachwurzler während der Blüte unter Wassermangel, rieseln die Blüten und unreifen Früchte zu Boden.
- **Pfingstrosen** für die Vase schneidet man erst dann, wenn die Knospen bereits aufbrechen und Farbe zeigen. Sonst entfalten sie sich in der Vase nicht mehr.
- **Kahle Stellen im Rasen** können Sie nun mit Rasensamen nachsäen. Im angewärmten Boden keimen die Samen rasch.
- Nach den Eisheiligen dürfen auch die letzten **Kübelpflanzen** raus aus dem Winterquartier. Bei Bedarf umtopfen!
- **Gemüsepflanzen** sollten Sie vor dem Auspflanzen etwa eine Woche lang tagsüber an einem halbschattigen Platz abhärten. So gewöhnen Sie junge Pflänzchen von **Mais, Paprika oder Tomaten** an die Sonneneinstrahlung und die häufig frischen Temperaturen.

Chili frühestens ab Mitte Mai auspflanzen.

Robuste Lieblings-Chili wählen

Chili-Jungpflanzen setzt man frühestens nach den Eisheiligen Mitte Mai an einen geschützten, sonnigen, warmen Standort. In kühlen Gegenden bleiben Chili und Paprika lieber bis Ende Juni im Topf. Für das Freiland wählt am besten robuste Sorten, die früh reifen, **wie 'Milde Wieser', 'Sibirische Hauspaprika', 'Sigaretta'- oder 'Rocoto'-Sorten.**

Füttere mich, bitte!

Bei **Wurmkompostern oder -kisten** mit mehreren Abteilen, ziehen Kompostwürmer noch getaner Arbeit ins neue Abteil mit frischen Abfällen um. So verhindern sie, dass Tonnen von Küchenabfällen im Restmüll landen, und stattdessen wertvoller Dünger in Form von Wurmhumus entsteht. Eigentlich perfekte Haustiere, diese Würmer, oder?

Fotos: stock.adobe.com (5): Brightlight, Carsten, K.-U. Häßler, HVPM dev, skymoon13; GAP (4): Richard Bloom, Jonathan Buckley, Jenny Lilly, Stephen Studd Illustration: Christine Faltermayr

Stauden für Mauern, Wege und Treppen

Viele **trockenheitsliebende Stauden** blühen zwischen Steinen und auf Mauern. **Sie locken oft zahlreiche Insekten wie Wildbienen und sind zugleich pflegeleicht.** Was wollen Gärtner mehr?

Pflanze	Höhe in cm	Blütezeit	Blütenfarbe	Besonderes
Berggamander	5–30	Juni-August	hellgelb	polstrig
Bruchkraut	5–10	Juni-September	grün	zwischen Ritzen
Bergsteinkraut	20–30	April-Juni	hellgelb	Honigduft
Dalmatiner Glockenblume	10–20	Mai-Juli	blau	polstrig
Frühlings-thymian	5–10	Mai-August	rosa	polstrig
Gelbes Sonnen-röschen	10–30	April-September	gelb	polstrig
Hängepolster-glockenblume	10–20	Mai-September	blau	polstrig
Kriechendes Leinkraut	20–40	Juni-Oktober	helllila	Ausläufer
Rote Fetthenne	25–50	Juli-September	rosarot	blüht spät
Sandthymian	10–20	Mai-Oktober	rosa	kriechend
Schwertalant	10–40	Juli-August	gelb	polstrig
Spornblume	30–80	Mai-August	rosarot, weiß	hochwüchsig
Zypressen-wolfsmilch	10–40	April-Juli	gelbgrün	Ausläufer
Wildes Löwen-maul	40–50	Juni-Oktober	viele Farben	ausdauernd

Lange ernten

Pflanzen Sie für lange Erntezeiten frühe, späte und immertragende Erdbeersorten: Gute **frühe Sorten** sind **'Honeyone'** oder **'Clery'**. Bewährte **mittelfrühe Sorten** sind **'Lambada'** und **'Mieze Nova'**. **'Mieze Schindler'** mit einem tollen Walderdbeeraroma reift **mittelspät**, und als **spät reifende** schmeckt **'Florence'** gut. **Immertragende Sorten** dehnen den Genuss bis zum Herbst aus: Sie bilden kleinere Früchte, wobei ihre Fruchtqualität meist nicht so gut wie die der einmaltragenden ist. Ausnahme ist die leckere Sorte **'Mara des Bois'**.

Erdbeeren nun ins Freie pflanzen.

Juni 2024

3 Mo SA 05:10 SU 21:31	Woche 23
4 Di SA 05:09 SU 21:32	
5 Mi SA 05:08 SU 21:33	
6 Do SA 05:08 SU 21:34	
7 Fr SA 05:07 SU 21:35	
8 Sa SA 05:07 SU 21:36	
9 So SA 05:07 SU 21:37	

* Feiertag nicht in allen Bundesländern

ab 7 Uhr

			Niederschläge mm	min/max °C

			Niederschläge mm	min/max °C

ab 0 Uhr

			Niederschläge mm	min/max °C

Neumond: 14:38 Uhr

			Niederschläge mm	min/max °C

Hochstellung: 18:41 Uhr

ab 14 Uhr

			Niederschläge mm	min/max °C

Regnet's am Medardustag,
regnet's noch 40 Tag danach.

			Niederschläge mm	min/max °C

ab 17 Uhr

			Niederschläge mm	min/max °C

ungünstig für Aussaat und Pflanzung — besonders günstig für Aussaat und Pflanzung

Juni 2024

10 Mo SA 05:06 SU 21:37	Woche 24
11 Di SA 05:06 SU 21:38	
12 Mi SA 05:06 SU 21:39	
13 Do SA 05:05 SU 21:39	
14 Fr SA 05:05 SU 21:40	
15 Sa SA 05:05 SU 21:40	
16 So SA 05:05 SU 21:41	

* Feiertag nicht in allen Bundesländern

			Niederschläge mm	min/max °C

ab 9 Uhr

			Niederschläge mm	min/max °C

			Niederschläge mm	min/max °C

			Niederschläge mm	min/max °C

Erstes Viertel: 07:18 Uhr
Apogäum: 15:36 Uhr

ab 7 Uhr

			Niederschläge mm	min/max °C

Ist zu St. Vitus der Himmel klar,
gibt es ein fruchtbares Jahr.

Absteigender Mondknoten: 22:16 Uhr

			Niederschläge mm	min/max °C

			Niederschläge mm	min/max °C

ungünstig für Aussaat und Pflanzung — besonders günstig für Aussaat und Pflanzung

Illustrationen: Christine Faltermayr

Juni 2024

	Woche 25
17 Mo SA 05:05 SU 21:41	
18 Di SA 05:05 SU 21:41	
19 Mi SA 05:05 SU 21:42	
20 Do SA 05:05 SU 21:42	
21 Fr SA 05:06 SU 21:42	
22 Sa SA 05:06 SU 21:42	
23 So SA 05:06 SU 21:42	

* Feiertag nicht in allen Bundesländern

			Niederschläge mm	min/max °C

ab 4 Uhr

			Niederschläge mm	min/max °C

ab 16 Uhr

			Niederschläge mm	min/max °C

			Niederschläge mm	min/max °C

ab 23 Uhr

			Niederschläge mm	min/max °C

Vollmond: 03:08 Uhr
Tiefstellung: 04:41 Uhr

			Niederschläge mm	min/max °C

			Niederschläge mm	min/max °C

ungünstig für Aussaat und Pflanzung
besonders günstig für Aussaat und Pflanzung

Illustrationen: Christine Faltermayr

Juni 2024

	Woche 26
24 Mo SA 05:07 SU 21:42	
25 Di SA 05:07 SU 21:42	
26 Mi SA 05:07 SU 21:42	
27 Do SA 05:08 SU 21:42	
28 Fr SA 05:08 SU 21:42	
29 Sa SA 05:09 SU 21:42	
30 So SA 05:10 SU 21:42	

* Feiertag nicht in allen Bundesländern

Glüh`n Johanniswürmchen helle,
schöner Juni ist zur Stelle.

ab 3 Uhr

			Niederschläge mm	min/max °C

			Niederschläge mm	min/max °C

ab 3 Uhr

			Niederschläge mm	min/max °C

Perigäum: 13:45 Uhr

ab 21 Uhr

			Niederschläge mm	min/max °C

Letztes Viertel: 23:53 Uhr

			Niederschläge mm	min/max °C

Aufsteigender Mondknoten: 06:25 Uhr

			Niederschläge mm	min/max °C

ab 13 Uhr

			Niederschläge mm	min/max °C

Illustrationen: Christine Faltermayr

ungünstig für Aussaat und Pflanzung — besonders günstig für Aussaat und Pflanzung

Der Garten im Juni

Zwerg-Seerose

Plastikwanne mit Sumpf- und Wasserpflanzen

Miniteich mit Neuseeland-Wassernabel und Amerikanischem Eidechsenschwanz

Phänologie
Frühsommer

Holunder, Rosen und Gräser blühen. Die erste Vogelbrut wird flügge, das erste Heu geerntet, nach Raps- und Robinienblüte wird der erste Honig geschleudert. Im Garten sind Salate, Kohlrabi, Kräuter und Erdbeeren erntereif. Dem jungen Gemüse kann man beim Wachsen zusehen, und es braucht Pflege: Jäten, Gießen, Düngen, Schnecken sammeln, Boden lockern, die Erntelücken auf dem Beet füllen.

Ein Mini-Teich auf der Terrasse

Ein Wassergarten auf Balkon oder Terrasse wirkt erfrischend und bezaubert durch seine pflanzlichen Bewohner und tierischen Besucher. Am einfachsten lässt sich ein Wasserbehälter beleben, indem man **Schwimmpflanzen** wie **Feenmoos** (*Azolla caroliniana*), **Muschelblume** (*Pistia stratiotes*) oder **Wassernuss** (*Trapa natans*) einsetzt. **Zwerg-Seerosen** wie *Nymphaea pygmaea* oder *N. tetragona* benötigen ein Pflanzkörbchen, in dem die Wurzeln Substrat vorfinden. Achtung: In voller Sonne kann sich solch ein Mini-Teich schnell stark erwärmen. Die Folge: Algen wuchern und das Wasser enthält kaum mehr Sauerstoff, worunter Pflanzen und Tiere leiden. **Vorbeugend sollte daher alle zwei Wochen ein Drittel des Wassers (vorgewärmt) erneuert werden.**

Fotos: stock.adobe.com (5): Alesia Berlezova, d2, Goffkein, M. Schuppich, TwilightArtPictures; GAP Photos, GAP/Robert Mabic; Friedrich Strauss • Illustration: Christine Faltermayr

Lückenfüller: Der Nächste, bitte!

Wenn Frühkartoffeln, Salate und die ersten Kohlrabi in die Küche wandern, ist auf den Beeten Platz für **die nächste Gemüse-Generation: Winterendivien**: Ab 21. Juni bis Mitte Juli aussäen, später die Sämlinge auf einen Abstand von 40 x 40 cm vereinzeln; Sorten: **'Escariol'**, **'Eros'**, **'Bubikopf'**; **Radicchio/Zichoriensalat/Zuckerhut**: Sie werden bis Mitte Juli an Ort und Stelle gesät. **Kohlrabi**: Die meisten Sorten können bis Anfang Juli gesät werden, ausgenommen Riesensorten. **Buschbohnen** reifen selbst dann noch aus, wenn sie erst Ende Juli gesät

werden - in einem Abstand von 40 x 40 cm. Sorten: **'Nassau'**, **'Saxa'**, **'Maxi'**. **Kopfsalat:** Entscheiden Sie sich für Sommersorten, die durch lange Tage nicht zur Blüte angeregt werden. **Möhren**: Sommersorten können Sie bis Mitte Juni säen. **Zuckererbsen**: Die zarten Hülsen sind schon nach 8 Wochen erntereif, wenn die Samen bis Mitte Juli in die Erde kommen. Sorten: **'Zuccola'**, **'Frühe Heinrich'**

Früchte voller Aroma.

Geheimtipp Mirabelle

Eigentlich müsste jeder Gartenbesitzer einen Mirabellenbaum haben, denn die **Unterart der Pflaume** (*Prunus domestica subsp. syriaca*) ist ein wirklich sehr unprätentiöses Gewächs. Der Baum kommt auch an Standorten gut zurecht, die für den Obstanbau sonst nicht so geeignet sind, wie z.B. feuchte, schwere Böden oder Höhenlagen. Die berühmteste Sorte, die heute im Handel ist, stammt aus Frankreich: die **'Mirabelle von Nancy'**. Sie bildet sehr aromatische, dafür aber mit drei Zentimetern Durchmesser relativ kleine Früchte aus, die beim Reifen ein rötliches Bäckchen bekommt.

Tomaten gut pflegen

Bei **Stabtomaten** nur einen, höchstens zwei Haupttriebe stehen lassen. Mit Ausnahme kompakter Buschtomaten brauchen alle Sorten eine **Rankhilfe**. Ab Juni müssen Tomaten **regelmäßig ausgegeizt** werden: Dabei die Seitentriebe aus den Blattachseln entfernen. Die Pflanzen besser regengeschützt **unter einem Dach** wachsen lassen. Lüften Sie im **Gewächshaus** täglich, damit sich Pilzkrankheiten weniger schnell ausbreiten. Versorgen Sie die Tomaten gleichmäßig mit **Wasser**, ohne die Blätter zu benetzen. In den Mittagsstunden sanft an den Pflanzen rütteln, um die Bestäubung der **selbstfruchtbaren Blüten** zu fördern. Sobald sich die ersten Früchte bilden, die Pflanzen **düngen**.

Bauern-Pfingstrose

Pfingstrose ohne Blüte?

Je nach Sorte blüht die **Bauern-Pfingstrose** (*Paeonia officinalis*) ab Mai bis Ende Juni. Manchmal dauert es 2–3 Jahre, bis **junge Pfingstrosen** in Blühstimmung kommen. Auch **Frost** zerstört in manchen Jahren die Blütenknospen. Oft wachsen die Stauden **zu nahe an Büschen oder Bäumen**, dann fehlen ihnen Licht und Nährstoffe. Bleibt die Blüte über Jahre aus, sitzt die Staude meist **zu tief im Boden**. Wer die Pflanze dann ausgräbt und neu setzt, darf **den Wurzelstock nur mit 3–4 cm Erde bedecken**.

Köstliche Melonenbirne

Die **Pepino** (*Solanum muricatum*) oder auch Melonenbirne verträgt etwas schattigere Plätze, solange sie geschützt stehen und immer genug Wasser bekommen. Dabei begnügen sich die Pflanzen mit einem großen Blumenkasten oder Pflanztrog. Sie verzweigen sich gut und bilden reichlich Blütenstände. **Wer Früchte ernten möchte, greift aber zur Schere und lässt nur 3–4 kräftige Triebe stehen.** Ab August bis zum Frost reifen dann viele Früchte. Sie lassen sich 2–3 Wochen im Keller oder Kühlschrank lagern. **Ihr Aroma erinnert an Honigmelone und Birne.**

Duftende Agastachen

Agastachen aus der Familie der **Lippenblütler** besitzen bis zu 1,50 m hohe, magentarote, rosafarbene oder violette Blütenähren. **Das zitronige Aroma der Mexikanischen Duftnessel** (*Agastache mexicana*) passt besonders gut in Süßspeisen, Salate oder Fischgerichte. **Neben den Blättern sind auch die Blüten essbar.** Sind die Stauden gut eingewachsen, überstehen sie die Winter meist auch draußen. Wichtig ist, dass das Kraut sonnig in durchlässigem und eher magerem Boden wächst, ähnlich wie Rosmarin.

Wachteln: klein, aber oho!

Es müssen nicht immer Hühner sein. **Auch Wachteln verwöhnen uns mit frischen Eiern. Zwar sind die nur walnussgroß, die Bodenvögel aber auch kleiner und in der Haltung deutlich anspruchsloser und pflegeleichter.** Immerhin **250 bis 300 Eier** legt eine Henne der zierlichen Vögel pro Jahr – allerdings nur unter professionellen Haltungsbedingungen. Wer sie im Garten im Freilandgehege hält, darf mit 160 bis 180 rechnen.

Essbare Blüten ernten

In **Salaten oder Kräuterbutter** lassen sich die Blüten von **Schnittlauch, Kapuzinerkresse, Borretsch und Ringelblume** verwenden. **Kandiert oder in Desserts und Limonaden** schmecken **Rosen-, Lavendel- und Veilchenblüten.** Die Blüten von **Taglilien und Malven** können universell eingesetzt werden. Achten Sie unbedingt darauf, nur unbehandelte Pflanzen zu beernten und die **Blüten ganz frisch, am besten vormittags,** nachdem der Tau abgetrocknet ist, zu pflücken und zu verarbeiten.

Gemüse anhäufeln

Kartoffeln, Tomaten, Bohnen, Erbsen, Lauch, Zuckermais, Sellerie und **Brokkoli** schätzen angehäufelte Erde. Diese verhindert, dass Kartoffelknollen vergrünen, sorgt bei Lauch für weiße Schäfte und erhöht bei allen genannten Arten die Standfestigkeit und fördert die **Wurzel- und Knollenbildung.**

Kleinstrauchrosen

Sie sind **pflegeleicht und robust, blühen oft über Monate hinweg und haben offene oder nur wenig gefüllte Blüten**. Im Herbst liefern sie mit ihren **Hagebutten** reichlich Futter für viele Tiere. Und das Beste: Sie tragen ihren Namen zurecht. **Sie kommen mit wenig Platz aus und passen deshalb in naturnahe Minigärten.** Man findet Sorten wie **'Magic Meidiland'** und **'Lavender Dream'** als Bodendeckerrosen in Rosenschulen.

Heiterer Schattengarten

(1) **Herbst-Anemone** (*Anemone*-Hybride) (2) **Goldschuppenfarn** (*Dryopteris affinis*) (3) **Wald-Geißbart** (*Aruncus dioicus*) (4) **Hortensie** (*Hydrangea arborescens*) (5) **Weißrand-Funkie** (*Hosta*) (6) **Gold-Felberich** (*Lysimachia punctata*) (7) **Weißer Fingerhut** (*Digitalis purpurea*) (8) **Gelbbunte Funkie** (*Hosta*) (9) **Frauenmantel** (*Alchemilla mollis*) (10) **Prachtspiere** (*Astilbe*) (11) **Weiß-bunte Japan-Segge** (*Carex morrowii*) 'Variegata' (12) **Windröschen** (*Anemone sylvestris*) (13) **Kaukasusvergissmeinnicht** (*Brunnera macrophylla*) 'Jack Frost'

Marienkäfer und ihre Larven fressen Blattläuse.

Die Anti-Laus-Armada

Haben Sie viele **Läuse** entdeckt, die sich an Ihren Gartenpflanzen gütlich tun? Keine Bange, Rettung naht in Form von **Marienkäfern** und ihren **Larven, Schlupfwespen** und **Florfliegenlarven**.

Was sonst noch zu tun ist:

- **Lüften Sie** regelmäßig und schattieren Sie Ihr **Gewächshaus**, damit die Pflanzen bei heißem Sommerwetter keinen Hitzestress bekommen.
- **Rhabarber** sollten Sie nur noch bis 24. Juni ernten. Danach braucht die Pflanze Zeit, um sich zu regenerieren.
- Um die **Blütenbildung** im Sommer zu fördern, sollten Sie **Verblühtes bei Balkonpflanzen und Stauden** regelmäßig entfernen – es sei denn, Sie wollen Samen gewinnen.
- Setzen Sie **Paprikapflanzen** nicht zu eng und gießen Sie die Pflanzen bei Trockenheit regelmäßig, denn sonst kann es sein, dass sie die Blüten abwerfen.
- Setzen Sie jetzt **Brennnesseljauche** an. Brennnesseln enthalten im Frühsommer viel Stickstoff und geben so einen guten Gartendünger ab.
- Brechen Sie **Wildtriebe** bei veredelten **Ziergehölzen wie Rosen oder Flieder** aus, sie rauben der Pflanze Kraft.

Juli 2024

	Woche 27
1 Mo SA 05:10 SU 21:41	
2 Di SA 05:11 SU 21:41	
3 Mi SA 05:12 SU 21:40	
4 Do SA 05:13 SU 21:40	
5 Fr SA 05:13 SU 21:39	
6 Sa SA 05:14 SU 21:39	
7 So SA 05:15 SU 21:38	

* Feiertag nicht in allen Bundesländern

			Niederschläge mm	min/max °C

ab 7 Uhr

			Niederschläge mm	min/max °C

			Niederschläge mm	min/max °C

Wenn`s am Ulrichstag donnert,
fallen die Nüsse vom Baum.

ab 22 Uhr

			Niederschläge mm	min/max °C

Hochstellung: 02:08 Uhr

			Niederschläge mm	min/max °C

Neumond: 00:57 Uhr

			Niederschläge mm	min/max °C

ab 2 Uhr

			Niederschläge mm	min/max °C

ungünstig für Aussaat und Pflanzung

besonders günstig für Aussaat und Pflanzung

Illustrationen: Christine Faltermayr

Juli 2024

Woche 28

8 Mo SA 05:16 SU 21:38	
9 Di SA 05:17 SU 21:37	
10 Mi SA 05:18 SU 21:36	
11 Do SA 05:19 SU 21:35	
12 Fr SA 05:20 SU 21:34	
13 Sa SA 05:21 SU 21:34	
14 So SA 05:23 SU 21:33	

* Feiertag nicht in allen Bundesländern

An St.Kilian säe Wicken und Rüben an.

ab 18 Uhr

			Niederschläge mm	min/max °C

			Niederschläge mm	min/max °C

			Niederschläge mm	min/max °C

---

ab 15 Uhr

			Niederschläge mm	min/max °C

Apogäum: 10:12 Uhr

			Niederschläge mm	min/max °C

Absteigender Mondknoten: 00:29 Uhr

			Niederschläge mm	min/max °C

Erstes Viertel: 00:29 Uhr

			Niederschläge mm	min/max °C

ungünstig für Aussaat und Pflanzung

besonders günstig für Aussaat und Pflanzung

Illustrationen: Christine Faltermayr

Juli 2024

Woche 29

15 Mo SA 05:24 SU 21:32	
16 Di SA 05:25 SU 21:31	
17 Mi SA 05:26 SU 21:29	
18 Do SA 05:27 SU 21:28	
19 Fr SA 05:29 SU 21:27	
20 Sa SA 05:30 SU 21:26	
21 So SA 05:31 SU 21:25	

* Feiertag nicht in allen Bundesländern

ab 12 Uhr

			Niederschläge mm	min/max °C

			Niederschläge mm	min/max °C

ab 1 Uhr

			Niederschläge mm	min/max °C

			Niederschläge mm	min/max °C

Vinzenz Sonnenschein,
füllt die Fässer mit Wein.

Tiefstellung: 12:59 Uhr

ab 8 Uhr

			Niederschläge mm	min/max °C

			Niederschläge mm	min/max °C

Vollmond: 12:17 Uhr

ab 12 Uhr

			Niederschläge mm	min/max °C

ungünstig für Aussaat und Pflanzung
besonders günstig für Aussaat und Pflanzung

Illustrationen: Christine Faltermayr

Juli 2024

	Woche 30
22 Mo SA 05:33 SU 21:23	
23 Di SA 05:34 SU 21:22	
24 Mi SA 05:35 SU 21:21	
25 Do SA 05:37 SU 21:19	
26 Fr SA 05:38 SU 21:18	
27 Sa SA 05:40 SU 21:16	
28 So SA 05:41 SU 21:15	

* Feiertag nicht in allen Bundesländern

			Niederschläge mm	min/max °C

ab 10 Uhr

			Niederschläge mm	min/max °C

Perigäum: 07:44 Uhr

			Niederschläge mm	min/max °C

Gegen Margareten und Jakoben,
die stärksten Gewitter toben.

ab 3 Uhr

			Niederschläge mm	min/max °C

Aufsteigender Mondknoten: 07:34 Uhr

			Niederschläge mm	min/max °C

ab 19 Uhr

			Niederschläge mm	min/max °C

Letztes Viertel: 04:52 Uhr

			Niederschläge mm	min/max °C

ungünstig für Aussaat und Pflanzung — besonders günstig für Aussaat und Pflanzung

Illustrationen: Christine Faltermayr

Juli / August 2024

Woche 31

29 Mo SA 05:43 SU 21:13	
30 Di SA 05:44 SU 21:12	
31 Mi SA 05:46 SU 21:10	
1 Do SA 05:47 SU 21:09	
2 Fr SA 05:49 SU 21:07	
3 Sa SA 05:50 SU 21:05	
4 So SA 05:52 SU 21:04	

* Feiertag nicht in allen Bundesländern

ab 12 Uhr

			Niederschläge mm	min/max °C

			Niederschläge mm	min/max °C

			Niederschläge mm	min/max °C

Hochstellung: 07:59 Uhr

ab 5 Uhr

			Niederschläge mm	min/max °C

			Niederschläge mm	min/max °C

ab 9 Uhr

			Niederschläge mm	min/max °C

Hitze an Sankt Dominikus,
ein strenger Winter kommen muss.

Neumond: 13:13 Uhr

			Niederschläge mm	min/max °C

ungünstig für Aussaat und Pflanzung

besonders günstig für Aussaat und Pflanzung

Illustrationen: Christine Faltermayr

Arbeitskalender der zehn Jahreszeiten

Mond-phase	Günstige Tage	Säen	Pflanzen
	30.06.–02.07., 08.–11.07., 19.–21.07., 27.–29.07.		
	02.–04.07., 11.–15.07., 21.–23.07., 29.07.–01.08.	Möhren, Radieschen, Rettich (späte Sorten)	
	04.–07.07., 15.–17.07., 23.–25.07.	Bartnelken, Fingerhut, Goldlack, Hornveilchen, Kalifornischer Mohn, Stiefmütterchen, Stockrosen und viele andere mehr	Im Frühsommer ausgesäte Blumen gegebenenfalls pikieren und verpflanzen
	07.–08.07., 17.–19.07., 25.–27.07.	Chinakohl, Feldsalat, späte Salate, Winterendivien, Zichoriensalate	Kohlrabi, Salate

Arbeitskalender der zehn Jahreszeiten

Mond-phase	Günstige Tage	Säen	Pflanzen
	05.–07.08., 15.–17.08.,		Erdbeeren
	07.–11.08., 17.–19.08.	Knoblauch, Rote Bete, Winterrettich	
	01.–03.08., 11.–13.08., 19.–21.08.	Zweijährige wie Bartnelke, Fingerhut, Glockenblume, Goldlack	
	03.–05.08., 13.–15.08., 21.–24.08.	Feldsalat, Chinakohl, Pak Choi	

[H] = Haus: Fensterbank oder unter Folie [G] = Gewächshaus: Aus Energiespargründen unbeheizt

Hochsommer: Juli

Pflegen	Ernten
Auberginen, Gurken, Kürbis, Paprika, Tomaten, Zucchini etwa wöchentlich mit Brennnesseljauche düngen	Himbeeren (Sommersorten), Johannisbeeren, Stachelbeeren, Erbsen
Boden lockern, Pflanzen anhäufeln	Möhren, Radieschen, Rettich
Rittersporn und andere Stauden nach der Blüte zurückschneiden, Blumenwiese mähen	Blumensträuße
Kohlpflanzen anhäufeln, wöchentlich mit Brennnesseljauche düngen	Kohlrabi, Salate

Spätsommer: Erste drei Augustwochen

Pflegen	Ernten
Sommerschnitt der Obstbäume, Beerenobst schneiden, Tomaten ausgeizen, welke Blätter entfernen	Äpfel (frühe Sorten), Herbsthimbeeren, Kirschen, Auberginen, Bohnen, Gurken, Paprika, Tomaten, Zucchini, Saatgut von samenfesten Sorten
Boden locker halten	Frühkartoffeln, Knoblauch, Möhren, Radieschen, Rettich, Rote Bete
Welke Blüten entfernen, Pflanzen in Balkonkästen und Kübeln mit Kompost und Hornmehl düngen	Blumensträuße, eigenes Saatgut
	Kohlrabi, Mangold, Rot-, Weißkohl, Wirsingkohl, Kopf-, Pflück- und Schnittsalate

[F] = *Frühbeet: Mit Wärmepackung aus frischem Pferdemist, sonst später aussäen*

Der Garten im Juli

Kräuter konservieren

Trocknen: Vor allem die **"Mediterranen",** wie **Thymian** und **Salbei,** lassen sich gut trocknen, aber auch **Minzen, Zitronenverbene** und **Zitronenmelisse**. Wichtig ist, die Kräuter an einem schattigen, luftigen Ort auszubreiten oder aufzuhängen und sie erst rascheldürr abzufüllen. **Einfrieren:** Dafür eignen sich **Schnittlauch, Dill, Estragon, Kerbel, Liebstöckel** und **Petersilie**. Am besten hacken Sie die Kräuter und frieren sie portionsweise ein, z. B. in Eiswürfelbehältern. **Frisch genießen** oder zu **Aroma-Öl** oder **Pesto** verarbeiten: **Koriander** und **Basilikum**.

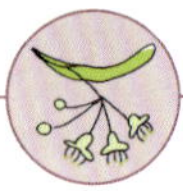

Phänologie
Hochsommer

Sommer- und Winterlinde, Wegwarte, Salbei, Lavendel und Rosmarin blühen. Wintergerste wird gedroschen. Im Garten reifen Johannisbeeren, Stachelbeeren, Kirschen, Aprikosen sowie die ersten Sommer-Himbeeren und Pflaumen. Salat- und Gemüsesetzlinge regelmäßig gießen, den Boden zwischen den Reihen mulchen, um ihn vor Austrocknung und Verkrustung nach heftigen Gewittern zu schützen.

Strauß mit Salbei, Melisse und Schnittlauch

Fotos: stock.adobe.com (3): bereta, juefraphoto, HLPhoto; GAP Photos, GAP/Robert Mabic • Illustrationen: stock.adobecom (4): arxichtu4ki, Darja Lichodova, Jede Stunde Regen, Marco; Christine Faltermayr

Pflegeprogramm für den Buchs

Wer noch Buchs im Garten hat, wacht derzeit mit Argusaugen über ihn, damit ihn kein **Pilz** oder der **Buchsbaumzünsler** befällt. Keine verbräunten Blätter und Triebe in Sicht? Keine Gespinste oder kahl gefressene Äste? Wenn **Raupen** am Werk sind, probieren Sie es mit **Bacillus-thuringiensis-Präparaten**. Im Juli ist die richtige Zeit, um den **Buchs zu schneiden.** Er treibt so wenig neu aus, dass ein Schnitt im Jahr reicht. **Schneiden Sie bei bedecktem Himmel**, denn bei praller Sonne verbräunen die Schnittstellen leicht. Wird es in den nächsten Tagen sonnig, schattieren Sie mit Laken oder Vlies. Schneiden Sie nicht bei nasser Witterung, denn das begünstigt Pilzinfektionen.

Ausläufer bei Jungpflanzen

Erdbeeren lassen sich je nach Sorte sehr gut **über Ausläufer vermehren**. Allerdings kostet das die Mutterpflanze auch sehr viel Kraft. **Haben Sie die Pflanzen erst im letzten Sommer oder gar in diesem Frühling gepflanzt, ist es besser, den Pflanzen erst mal ihre Energie für die eigene Bestockung zu belassen.** Reißen Sie deshalb regelmäßig die Ausläufer ab. Halten Sie dabei den Erdbeerstock mit einer Hand fest, während Sie mit der anderen den Ausläufer vorsichtig an seiner Ansatzstelle abdrehen.

Auch von Jungpflanzen lässt sich reich ernten.

Taubenschwänzchen im Anflug

Der Taubenschwanz (*Macroglossum stellatarum*) gehört zur **Familie der Schwärmer**. Er ist in Südeuropa und dem Nahen Osten heimisch und begibt sich im Mai auf Wanderschaft gen Norden. **Wenn er dann im Juni in den Gärten und Tageszeitungen auftaucht, hat er nicht selten mehr als 1000 Kilometer zurückgelegt**. Er besucht bis zu **1500 Blüten am Tag.** Pflanzen, deren Blütenstände aus vielen Einzelblüten bestehen, wie **Phlox, Spornblume und Schmetterlingsflieder** fliegt er besonders gerne an.

Reich ernten ohne Ende

Mit ein **paar Tricks** liefert der **Küchengarten pausenlos Gemüsenachschub**:

- **Gemüse-Minis** wie **Rote Bete, Möhren, Kohlrabis**, die beim Ausdünnen anfallen, schmecken besonders fein.
- **Junge Bohnenhülsen** sind besonders aromatisch. Daneben produzieren viele Pflanzen beim **regelmäßigen Durchpflücken** rasch neuen Nachwuchs.
- **Samenfester Brokkoli** liefert **größere Ernten als Blumenkohl**. Ist Blumenkohl einmal abgeerntet, war es das. **Der grüne Bruder dagegen liefert nach.** Vorausgesetzt, man schneidet die Hauptblume nicht zu tief aus.
- **Essbare Blätter** wie die von **Feldsalat, Spinat oder Pflücksalat** aber auch von **Radieschen** und **Kohlrabi** liefern zartes und schmackhaftes Grün.
- **Gurken** schmecken, **je kleiner sie geerntet werden**, umso intensiver und knackiger. Ihr **Querschnitt** sollte bei der Ernte noch **dreieckig** sein.
- **Kopfsalat, Batavia, Salatherzen** oder **Pflücksalat** reifen unterschiedlich schnell und die **Ernte verlängert** sich dadurch.

Zucchini jung ernten

Zucchini in Öl eingelegt

Fotos: stock.adobe.com (5): Elena Abduramanova, kab-vision, kharlamova.lv, Tamara, Aleksey Solodov; GAP Photos
Illustrationen: stock.adobe.com (3): cat_arch_angel, Cincinart, dariaustiugova

Die Blüten der Großblütigen Königskerze locken viele Insekten an.

Königskerzen

Für einen naturnahen Garten sind die zweijährigen **Königskerzen** (*Verbascum*) eine Bank. **Sie säen sich selbst aus und erscheinen mal hier, mal dort.** Nicht ganz so dominant wie die hohe **Großblütige Königskerze** (*V. densiflorum*) ist die **Schwarze Königskerze** (*V. nigrum*). Diese gibt es auch in weißblühenden Sorten. Die **Purpur-Königskerze** (*V. phoeniceum*) blüht weiß oder rosa und ist noch filigraner im Aufbau.

Purpur-Königskerze

Was noch zu tun ist:

- **Gießen** Sie lieber am **frühen Vormittag** als in den Abendstunden. So kann das Laub im Lauf des Tages abtrocknen, Pilzkrankheiten und Schnecken finden schwierigere Bedingungen vor.
- **Mulchen** Sie vor allem feuchtigkeitsbedürftige Kulturen mit **angetrocknetem Rasenschnitt**.
- Im **Rhabarber- oder Spargelbeet** arbeiten Sie am besten gleich nach der Ernte ein wenig Kompost flach ein.
- Durch **Ausschneiden** alter **Blüten** bei **Beetrosen** lässt sich eine eventuelle Nachblüte fördern.
- **Rittersporn, Katzenminze, Kugeldistel** und **Sommer-Salbei** darf man nach der Blüte sogar kräftig zurückschneiden. Sie belohnen dies meist mit einem zweiten Flor.
- Kontrollieren Sie den **Wasserstand im Gartenteich** und füllen Sie bei Bedarf nach.
- Bieten Sie **Vögeln** und **Insekten** Wasser in einer flachen Schale **mit Ausstiegshilfe** an.

Rosenkohl pflanzen

Wollen Sie dieses Jahr noch Rosenkohl pflanzen, dann müssen Sie sich beeilen. **Spätestens Anfang Juli sollten die letzten Jungpflanzen in die Erde, sonst bleiben die Röschen zu klein.** Pflanzen Sie die Setzlinge tief, damit die Pflanzen standfest werden. **Häufeln Sie sie während des Wachstums noch zwei- oder dreimal an.** Rosenkohl benötigt reichlich Stickstoff, geben Sie daher **reifen Kompost oder einen organischen Dünger ins Pflanzloch**. Mitte August können Sie nachdüngen. **Ab September wird der Kohl nicht mehr gedüngt**, egal, ob Sie ihn noch im Spätherbst ernten oder über den Winter stehen lassen.

Sobald die Jungpflanzen etwa 10 cm hoch sind, können Sie diese in rund 50 cm Abstand pflanzen.

Schnitt nach der Ernte!

Erst ernten, dann schneiden

Bleiben Sauerkirschen lange Zeit ungeschnitten, neigen sie dazu, lange blattlose Peitschentriebe zu bilden. **Greifen Sie deshalb nach der Ernte zur Schere: Entfernen Sie zuerst alle zu dicht stehenden Äste aus der Krone.** Dann **kürzen** Sie das verbleibende **Kronengerüst um etwa ein Drittel** ein. Schneiden Sie dabei immer über einer nach außen weisenden Knospe oder einem nach außen wachsenden Trieb. Zum Schluss schneiden Sie die **Peitschentriebe** auf einen starken diesjährigen Trieb zurück.

Fotos: stock.adobe.com (2): Sorin, valery121283; GAP Photos • Illustrationen: cosmicannastock.adobe.com; Christine Faltermayr

August 2024

	Woche 32
5 Mo SA 05:53 SU 21:02	
6 Di SA 05:55 SU 21:00	
7 Mi SA 05:56 SU 20:58	
8 Do SA 05:58 SU 20:56	
9 Fr SA 05:59 SU 20:55	
10 Sa SA 06:01 SU 20:53	
11 So SA 06:02 SU 20:51	

* Feiertag nicht in allen Bundesländern

ab 1 Uhr

			Niederschläge mm	min/max °C

			Niederschläge mm	min/max °C

ab 23 Uhr

			Niederschläge mm	min/max °C

			Niederschläge mm	min/max °C

Absteigender Mondknoten: 03:07 Uhr
Apogäum: 03:32 Uhr

			Niederschläge mm	min/max °C

Regnet's am St. Laurenztag,
gibt es eine große Mäuseplag.

			Niederschläge mm	min/max °C

ab 20 Uhr

			Niederschläge mm	min/max °C

Illustrationen: Christine Faltermayr

☐ ungünstig für Aussaat und Pflanzung ☐ besonders günstig für Aussaat und Pflanzung

August 2024

12 Mo SA 06:04 SU 20:49	Woche 33
13 Di SA 06:05 SU 20:47	
14 Mi SA 06:07 SU 20:45	
15 Do SA 06:09 SU 20:43	Mariä Himmelfahrt*
16 Fr SA 06:10 SU 20:41	
17 Sa SA 06:12 SU 20:39	
18 So SA 06:13 SU 20:37	

* Feiertag nicht in allen Bundesländern

Erstes Viertel: 17:19 Uhr

			Niederschläge mm	min/max °C

ab 10 Uhr

			Niederschläge mm	min/max °C

			Niederschläge mm	min/max °C

Tiefstellung: 22:10 Uhr

ab 18 Uhr

			Niederschläge mm	min/max °C

			Niederschläge mm	min/max °C

ab 22 Uhr

			Niederschläge mm	min/max °C

			Niederschläge mm	min/max °C

Illustrationen: Christine Faltermayr

ungünstig für Aussaat und Pflanzung — besonders günstig für Aussaat und Pflanzung

August 2024

Woche 34

19 Mo SA 06:15 SU 20:35	
20 Di SA 06:16 SU 20:33	
21 Mi SA 06:18 SU 20:31	
22 Do SA 06:20 SU 20:29	
23 Fr SA 06:21 SU 20:27	
24 Sa SA 06:23 SU 20:25	
25 So SA 06:24 SU 20:22	

* Feiertag nicht in allen Bundesländern

Vollmond: 20:26 Uhr

ab 20 Uhr

			Niederschläge mm	min/max °C

			Niederschläge mm	min/max °C

Perigäum: 07:05 Uhr

ab 12 Uhr

			Niederschläge mm	min/max °C

Aufsteigender Mondknoten: 12:29 Uhr

			Niederschläge mm	min/max °C

Waren die Hundstage heiß,
bleibt der Winter lange weiß.

			Niederschläge mm	min/max °C

ab 2 Uhr

			Niederschläge mm	min/max °C

ab 18 Uhr

			Niederschläge mm	min/max °C

ungünstig für Aussaat und Pflanzung — besonders günstig für Aussaat und Pflanzung

August / September 2024

26 Mo	SA 06:26 SU 20:20	Woche 35
27 Di	SA 06:28 SU 20:18	
28 Mi	SA 06:29 SU 20:16	
29 Do	SA 06:31 SU 20:14	
30 Fr	SA 06:32 SU 20:12	
31 Sa	SA 06:34 SU 20:09	
1 So	SA 06:35 SU 20:07	

* Feiertag nicht in allen Bundesländern

Letztes Viertel: 11:26 Uhr

			Niederschläge mm	min/max °C

			Niederschläge mm	min/max °C

Um die Zeit von Augustin
ziehen die warmen Tage hin.

Hochstellung: 13:09 Uhr

ab 10 Uhr

			Niederschläge mm	min/max °C

			Niederschläge mm	min/max °C

ab 15 Uhr

			Niederschläge mm	min/max °C

			Niederschläge mm	min/max °C

ab 7 Uhr Löwe

			Niederschläge mm	min/max °C

ungünstig für Aussaat und Pflanzung — besonders günstig für Aussaat und Pflanzung

Der Garten im August

Haltbare Sommerernte

Fast alle Gemüse wie Hülsenfrüchte, Kohlgewächse und Lauch lassen sich konservieren, Blattsalate sind eine Ausnahme:

Einfrieren: Es ist die einfachste Art, Gemüse aufzubewahren. **Nicht** geeignet dafür sind **Knoblauch, Radieschen und Rettich**, ihr Geschmack verändert sich dabei. **Tomaten** können Sie zwar einfrieren, danach aber nur zum Kochen verwenden.

Trocknen: Möhren, Lauch, Sellerie, Tomaten und **Paprika** sowie **Zucchini** kann man in Scheiben oder Stücken gut trocknen. Am schnellsten geht das im Backofen bei max. 70 °C. Die umweltfreundlichste Methode ist das Lufttrocknen, es dauert aber einige Tage.

Einlegen: Nicht nur **Gurken**, auch **Möhren, Zucchini, Kürbis, Paprika, Bohnen** und **Zwiebeln** schmecken gut in einem würzigen Essigsud.

Phänologie Spätsommer

Heidekraut und Herbst-Anemone beginnen zu blühen. Die Früchte der Eberesche reifen, ebenso Pfirsiche, frühe Pflaumen- und Apfelsorten wie der 'Klarapfel'. Die Ernte von Salaten, Kohlrabi, Zwiebeln, Möhren, Gurken, Tomaten und Kräutern ist in vollem Gange, Bohnen werden alle paar Tage durchgepflückt, damit sie neue Blüten ansetzen. Weiterhin gießen und regelmäßig Boden lockern.

Fotos: stock.adobe.com (4): alisseja, Orhan Çam, juefraphoto, JPC-PROD; GAP/Robert Mabic • Illustrationen: stock.adobe.com (2): marina, Tonia Tkach; Christine Faltermayr

Für gesunde Tomaten sorgen

Leider fällt die Tomate recht gern **Pilzerkrankungen** zum Opfer, vor allem, wenn sie im Beet gezogen wird. **Kontrollieren Sie Ihre Tomatenpflanzen deshalb öfter.** Sobald sich an den unteren Blättern **Beläge oder Flecken** zeigen, sollten Sie das **kranke Laub sofort entfernen**. Laub, das auf dem Boden liegt, sollten Sie ebenfalls abschneiden. Sie verhindern damit, dass sich gesunde Blätter anstecken und schaffen eine bessere Luftzirkulation um die Pflanze. Bei **Stabtomaten** knipsen Sie Seitentriebe, die den Blattachseln entspringen, regelmäßig aus. Sie rauben der Pflanze nur Kraft. Bei **Cocktailtomaten** ist das nicht so dramatisch, hier liefern verzweigte Pflanzen sogar höhere Erträge.

Gesunde Blätter, ein reicher Fruchtbehang und eine gute Luftzirkulation rund um die Tomatenpflanze versprechen eine reiche Ernte.

Üppige Dahlien

Damit **Dahlien** immer neue Blüten treiben, entfernen erfahrene Gärtner verblühte Köpfe sofort. Die Pflanze steckt sonst viel Kraft in die Samenbildung. Ohne die verbräunten Blüten sehen die Pflanzen viel prächtiger aus. **Nehmen Sie dazu die welke Blüte mit dem Stiel an der nächsten Blattachsel heraus.** Damit die Pflanze lange üppig blüht, lassen Sie ihr noch **eine Schaufel gut verotteten Kompost** angedeihen. Bildet Ihre Dahlie wenige oder nur spät Blüten, kann das an einem zu schattigen Standort liegen, **die Pflanze liebt nämlich die Sonne**.

Weiße Maulbeeren pflücken

Die **Weiße Maulbeere** (*Morus alba*) ist die **robusteste der Maulbeer-Arten, sie ist zuverlässig frosthart.** Ihre Früchte sind süß und saftig, allerdings nicht sehr haltbar. Deshalb eignen sie sich eher **als Naschobst und zum Trocknen**. Die **Schwarze Maulbeere** (*M. nigra*), ist nur für Ecken mit Weinbauklima geeignet. Es gibt Sorten für **Balkon und Terrasse** sowie die reichtragende **Zwergmaulbeere** *M. rotundiloba* **'Mojo Berry'**.

Was noch zu tun ist:

- **Tomatensaatgut** für das nächste Jahr sollte man aus den ersten, ganz ausgereiften Tomaten gewinnen.
- **Amaryllis**, die zu Weihnachten blühen sollen, schicken Sie jetzt in eine Ruhepause. Dazu stellen Sie das Gießen und Düngen ein. Im November wird die Zwiebel frisch getopft.
- **Aprikosenbäume** schneidet man am besten gleich nach der Ernte zurück. Das hält sie kompakt und gesund.
- Ziehen Sie **Feldsalat** in Schalen vor, solange das Gemüsebeet noch mit Sommergemüse belegt ist.
- Schneiden Sie **Sommer-Himbeeren** nach der Ernte zurück. Das beugt der Rutenkrankheit vor. Lassen Sie **8–12 frische Ruten pro Meter**.
- Jetzt ist **Pflanzzeit für Zwiebeln und Knollen** von Steppenkerzen, Herbstkrokussen und Herbstzeitlosen.
- **Knollensellerie** sollten Sie jetzt noch einmal kräftig düngen und regelmäßig gießen.

Späte Bienen-Blüten

(1.) Unter **den klassischen Beetstauden** sind Astern, Sonnenhut, Mädchenauge, Kugeldistel, Kandelaber-Ehrenpreis, Sonnenbraut und Duftnesseln sehr beliebt bei Bienen, ebenso die wunderbare Purpur-Witwenblume. Einige Wildbienen tanken gerne an Gamander-Arten auf sowie an Hoher Fetthenne, Bartblume, Woll-Ziest und Edeldisteln.

(2.) Im **Kräutergarten** blühen jetzt einige Arten, wie verschiedene Minzen, Thymian und Salbeiarten oder der Ysop, die zum Mahl locken.

(3.) Und nicht zuletzt gibt es **heimische Wildstauden**, die teilweise noch bis in den Oktober hinein für ein Nektarangebot und Farbtupfer im Garten sorgen. **Dazu gehört zum Beispiel der Echte Dost sowie Natternkopf, Moschusmalve, Sterndolde, Weidenröschen und Wiesen-Witwenblume.**

Sterndolde

Nachtdufter

Die **Garten-Levkoje** (*Matthiola incana*), eine traditionelle einjährige Bauerngartenpflanze, blüht von Juli bis September. Eine heimische Alternative ist die **Aufrechte Klematis** (*Clematis recta*). Diese weißblühende Stauden-Klematis wird etwa 1,50 m hoch und passt gut an einen Zaun oder ein Sichtschutzelement.

Fotos: stock.adobe.com (7): Christine Bird, elmowski, Gummy Bear, Holger T.K., Tim UR, Tony, YuiYuize; GAP/Jonathan Buckley • Illustrationen: stock.adobe.com (3): arxichtu4ki, Annika Gandelheid, yaibuabann; Christine Faltermayr

Feine Wildobst-Sorten

Diese Sorten bringen größere Früchte und mehr Ertrag als das Wildgehölz: **Apfelbeere:** 'Aron', 'Nero', 'Rubina', 'Viking'; **Felsenbirne:** 'Ballerina', 'Bluemoon', Kahle Felsenbirne', 'Prince William', 'Rainbow Pillar'; **Wildrosen-Hagebutten**: Apfelrose, Hundsrose, Kartoffelrose, Pillnitzer Vitaminrose; **Holunder**: 'Riese aus Voßloch', 'Haschberg', 'Mammut', 'Samdal', 'Sampo', 'Samyl'; **Kornelkirsche**: 'Devin', 'Jolica', 'Kazanlaker', 'Schönbrunner Gourmetdirndl', 'Titus'; **Sanddorn**: 'Askola', 'Frugana', 'Hergo', 'Leikora', 'Pollmix' (männliche Befruchtersorte); **Süße Eberesche**: 'Konzentra', 'Rosina'

Ameisen vorsichtig umsiedeln

Manchmal ziehen Ameisen freiwillig um, wenn man **einen umgedrehten, mit Stroh gefüllten Blumentopf auf ihr Nest** stellt. **Sie packen dann alles in diesen Topf und tragen das Volk dorthin.** Nicht alle Völker folgen aber einer solchen Einladung. Nicht die feine englische Art, aber immerhin schonend ist es, das Nest oft zu gießen, denn feucht mögen es Ameisen nicht und sie suchen sich einen neuen Ort.

Eibenhecke mit scharfer Schere schneiden.

Nadelholzhecke schneiden

Eiben-, Thujen-, Fichten- oder Scheinzypressenhecken schneidet man am besten im August. Aber **Achtung: Außer** der **Eibe** verträgt **keines der genannten Nadelhölzer einen Schnitt ins alte Holz.** Die Pflanzen treiben dort nicht mehr aus, die Hecke bleibt kahl. Achten Sie darauf, nur so weit zurückzuschneiden, wie die Äste noch grüne Nadeln tragen. Eiben können Sie dagegen auch radikal stutzen. **Passen Sie bei jeder Hecke auf, dass Sie ihr eine nach oben schmaler zulaufende Form verpassen.** So bekommen auch die unteren Etagen Sonne und bleiben grün. Besonders Fichtenhecken werden unten sonst schnell dürr.

September 2024

2 Mo SA 06:37 SU 20:05	Woche 36
3 Di SA 06:39 SU 20:03	
4 Mi SA 06:40 SU 20:00	
5 Do SA 06:42 SU 19:58	
6 Fr SA 06:43 SU 19:56	
7 Sa SA 06:45 SU 19:54	
8 So SA 06:47 SU 19:51	

* Feiertag nicht in allen Bundesländern

			Niederschläge mm	min/max °C

Neumond: 03:56 Uhr

			Niederschläge mm	min/max °C

ab 5 Uhr

			Niederschläge mm	min/max °C

Absteigender Mondknoten: 07:42 Uhr
Apogäum: 16:55 Uhr

			Niederschläge mm	min/max °C

			Niederschläge mm	min/max °C

			Niederschläge mm	min/max °C

ab 3 Uhr

			Niederschläge mm	min/max °C

Illustrationen: Christine Faltermayr

ungünstig für Aussaat und Pflanzung   besonders günstig für Aussaat und Pflanzung

September 2024

	Woche 37
9 Mo SA 06:48 SU 19:49	
10 Di SA 06:50 SU 19:47	
11 Mi SA 06:51 SU 19:45	
12 Do SA 06:53 SU 19:42	
13 Fr SA 06:54 SU 19:40	
14 Sa SA 06:56 SU 19:38	
15 So SA 06:58 SU 19:35	

* Feiertag nicht in allen Bundesländern

St. Georgen treibt die Lerchen davon.

ab 17 Uhr

			Niederschläge mm	min/max °C

			Niederschläge mm	min/max °C

Erstes Viertel: 08:06 Uhr

			Niederschläge mm	min/max °C

Tiefstellung: 06:51 Uhr

ab 2 Uhr

			Niederschläge mm	min/max °C

			Niederschläge mm	min/max °C

ab 8 Uhr

			Niederschläge mm	min/max °C

			Niederschläge mm	min/max °C

ungünstig für Aussaat und Pflanzung — besonders günstig für Aussaat und Pflanzung

Illustrationen: Christine Faltermayr

September 2024

Woche 38

16 Mo SA 06:59 SU 19:33	
17 Di SA 07:01 SU 19:31	
18 Mi SA 07:02 SU 19:29	
19 Do SA 07:04 SU 19:26	
20 Fr SA 07:05 SU 19:24	Weltkindertag*
21 Sa SA 07:07 SU 19:22	
22 So SA 07:09 SU 19:19	

* Feiertag nicht in allen Bundesländern

ab 6 Uhr

			Niederschläge mm	min/max °C

ab 22 Uhr

			Niederschläge mm	min/max °C

Auf St. Lambert hell und klar,
folget oft ein trockenes Jahr.

Vollmond: 04:34 Uhr
Perigäum: 15:27 Uhr
Aufsteigender Mondknoten: 21:45 Uhr

			Niederschläge mm	min/max °C

			Niederschläge mm	min/max °C

ab 11 Uhr

			Niederschläge mm	min/max °C

			Niederschläge mm	min/max °C

ab 2 Uhr

			Niederschläge mm	min/max °C

ungünstig für Aussaat und Pflanzung   besonders günstig für Aussaat und Pflanzung

Illustrationen: Christine Faltermayr

September 2024

23 Mo SA 07:10 SU 19:17		Woche 39
24 Di SA 07:12 SU 19:15		
25 Mi SA 07:13 SU 19:12		
26 Do SA 07:15 SU 19:10		
27 Fr SA 07:17 SU 19:08		
28 Sa SA 07:18 SU 19:06		
29 So SA 07:20 SU 19:03		

* Feiertag nicht in allen Bundesländern

			Niederschläge mm	min/max °C

Hochstellung: 19:14 Uhr
Letztes Viertel: 20:50 Uhr

ab 16 Uhr

			Niederschläge mm	min/max °C

			Niederschläge mm	min/max °C

ab 20 Uhr

			Niederschläge mm	min/max °C

			Niederschläge mm	min/max °C

Kommt Wenzeslaus mit Regen an,
werden wir Nüsse bis Weihnachten han.

ab 13 Uhr

			Niederschläge mm	min/max °C

			Niederschläge mm	min/max °C

ungünstig für Aussaat und Pflanzung — besonders günstig für Aussaat und Pflanzung

Illustrationen: Christine Faltermayr

September / Oktober 2024

30 Mo SA 07:21 SU 19:01	Woche 40
1 Di SA 07:23 SU 18:59	
2 Mi SA 07:25 SU 18:57	
3 Do SA 07:26 SU 18:54	Tag der Deutschen Einheit
4 Fr SA 07:28 SU 18:52	
5 Sa SA 07:30 SU 18:50	
6 So SA 07:31 SU 18:48	

* Feiertag nicht in allen Bundesländern

			Niederschläge mm	min/max °C

ab 12 Uhr

			Niederschläge mm	min/max °C

Laubfall an Leodegar
kündigt an ein fruchtbar Jahr.

Absteigender Mondknoten: 13:54 Uhr
Neumond: 20:49 Uhr
Apogäum: 21:40 Uhr

			Niederschläge mm	min/max °C

Apogäum: 20:31 Uhr

			Niederschläge mm	min/max °C

			Niederschläge mm	min/max °C

ab 9 Uhr

			Niederschläge mm	min/max °C

ab 23 Uhr

			Niederschläge mm	min/max °C

ungünstig für Aussaat und Pflanzung — besonders günstig für Aussaat und Pflanzung

Illustrationen: Christine Faltermayr

Arbeitskalender der zehn Jahreszeiten

Mond-phase	Günstige Tage	Säen	Pflanzen
	24.–25.08., 01.–04.09., 12.–14.09.		
	25.–28.08., 04.–08.09., 14.–16.09.	Winterrettich	
	28.–30.08., 08.–09.09.		Sämlinge von zweijährigen Blumen
	30.08.–01.09., 09.–12.09.	Feldsalat, Winterportulak	

Arbeitskalender der zehn Jahreszeiten

Mond-phase	Günstige Tage	Säen	Pflanzen
	20.–22.09, 28.09.–01.10., 09.–11.10.		Obstgehölze
	22.–24.09., 01.–05.10., 11.–13.10.		
	16.–17.09., 24.–26.09., 05.–06.10., 13.–15.10.		Blumenzwiebeln, Blütengehölze, Stauden
	17.–20.09., 26.–28.09., 06.–09.10.		

Frühherbst: Ende August bis Mitte September

Pflegen	Ernten
	Äpfel, Birnen, Pflaumen, Mirabellen, Zwetschgen, Auberginen; im Gemüsegarten Bohnen, Gurken, Melonen, Paprika, Tomaten, Zucchini
Boden locker halten, bei Bedarf anhäufeln	Kartoffeln, Knollensellerie, Möhren, Radieschen, Rettich, Rote Bete, Zwiebeln
welke Blüten entfernen, gegebenenfalls vor Nachtfrost schützen	Blumensträuße, eigenes Saatgut
	Kohlrabi, Kopfkohlarten, Mangold, Salate, Spinat

Vollherbst: Mitte September bis Mitte Oktober

Pflegen	Ernten
	Äpfel, Birnen, Herbsthimbeeren, Pflaumen, Zwetschgen; Auberginen, Bohnen, Gurken, Kürbisse, Melonen, Paprika, Zucchini
Anhäufeln	Haferwurzeln, Möhren, Pastinaken, Rettich, Rote Bete, Schwarzwurzeln
Knollen von Begonien, Canna und Dahlien ausgraben, frostfrei lagern	
	Kohlrabi, Kopfkohlarten, Mangold, Pak Choi, Salate, Spinat

Illustrationen: Christine Faltermayr

Der Garten im September

Phänologie Frühherbst

Kornelkirschen färben sich rot, die Holunderbeeren werden schwarz. Haselnüsse reifen, die Herbstzeitlose blüht. Im Garten füllen Gemüse und Obst die Erntekörbe. Äpfel, Birnen, Zwetschgen und viele Wildobstarten sind pflückreif und wollen verarbeitet werden. Der letzte Heckenschnitt steht an. Pflanzzeit für Tulpe, Krokus, Osterglocke und andere Zwiebelblumen, die im Frühjahr blühen.

Vierjahreszeiten-Garten

Attraktiv rund ums Jahr, so lautet Ihr Hauptwunsch an den Vorgarten? Dann gefällt Ihnen vielleicht dieses Pflanzbeispiel, das Dauerpräsenz und dennoch in jeder Jahreszeit ein anderes Gesicht zeigt: (1) Herbst-Chrysantheme (*Chrysanthemum indicum*) ‘Herbstkuss’ (2) Taglilie (*Hemerocallis*) (3) Storchschnabel (*Geranium*-Sorte) (4) Felsenbirne (*Amelanchier lamarckii*) (5) Weißrand-Funkie (*Hosta*) (6) Pfingstrose (*Paeonia lactiflora*) (7) Christ-/Lenzrose (*Helleborus*) (8) Margerite (*Leucanthemum superbum*) (9) Himmelsleiter (*Polemonium caeruleum*) (10) Schwarzer Schlangenbart (*Ophiopogon planiscapus* ‘Niger’) (11) Bergenie (*Bergenia*) (12) Rose (*Rosa*) ‘Bienenweide Apricot’ (13) Purpurglöckchen (*Heuchera*) **In diesem Garten sorgen Purpurglöckchen und Schwarzer Schlangenbart für dauerhafte Farbtupfer, ebenso wie die Langzeitblüher Rose, Storchschnabel, Himmelsleiter und Sommermargeriten.**

Ernten Sie Ihr blaues Wunder

Reife Zwetschgen und Pflaumen lassen sich einfach pflücken oder fallen vom Baum, wenn Sie ihn schütteln. Legen Sie vorher **eine Plane unter dem Baum** aus, dann geht das Aufsammeln flugs. Sortieren Sie wurmstichige, angepickte oder aufgeplatzte Früchte gleich aus.

Zwetschgen reifen nicht alle gleichzeitig.

Raus mit den Kartoffeln!

Wenn das Laub welkt, ist es Zeit, die Kartoffeln zu ernten. Transportieren Sie das **übrig gebliebene Erdreich** und das **Kartoffelgrün** direkt auf den Komposthaufen. Das Erdreich und das Grün entsorgen Sie besser im Müll, wenn sich beispielsweise in Gefäßen Schädlinge oder Pilze breitgemacht haben, z. B. Kraut- und Braunfäule (*Phytophthora infestans)* oder Kartoffelkäferpuppen.

Was ist Muckefuck?

Muckefuck ist eine Bezeichnung für kaffeeähnliche Getränke aus heimischen Pflanzen. **Zichorienkaffee** aus den Wurzeln der **Wegwarte** war lange das häufigste Frühstücksgetränk der Bevölkerung in Deutschland, weil Bohnenkaffee sehr teuer war. **Ersatzkaffee kann man auch aus Löwenzahnwurzeln, Dinkel, Gerste, Eicheln zubereiten.** Die gereinigten **Wurzeln oder Samen** werden dafür **zerkleinert**, im Ofen **geröstet**, danach **gemahlen** und mit heißem Wasser **überbrüht**.

Was noch zu tun ist:

- **Blauregen, der mehr blühen,** aber weniger wachsen soll, benötigt einen Sommerschnitt bis Anfang September.
- **Knoblauch** können Sie in frei gewordene Gemüsebeete stecken: in etwa 5 cm tiefe Rillen in 10–15 cm Abstand.
- **Frischen Sie Ihren Rasen auf,** indem Sie ihn kurz mähen, anschließend vertikutieren und dann mit einem organischen Rasendünger für den Herbst verwöhnen.
- **Machen Sie die Reifeprobe bei Zuckermais:** Wenn Sie die Körner mit dem Fingernagel sanft eindrücken, sollte eine milchig-weiße Flüssigkeit austreten.
- **Gönnen Sie reifenden Kürbissen ein Strohpolster**, es hält sie sauber und von Krankheitserregern fern.
- **Späte Kohlarten wie Rosenkohl, Grünkohl und Kopfkohl** sind Kulturen, die jetzt noch stickstoffhaltigen Dünger brauchen. Organischer Flüssigdünger wirkt am schnellsten.

Flächenkompost anlegen

Durch Flächenkompost können Sie auf einem nicht sehr guten Boden **ein nährstoffreiches Beet anlegen**: Verteilen Sie **etwa 50 cm hoch klein geschnittene Garten- und Küchenabfälle sowie das Laub der meisten Baumarten**, nicht jedoch von Eiche, Walnuss oder Rotbuche. Streuen Sie **zwei, drei Handvoll Algenkalk** darauf und bedecken Sie alles mit einer Lage **Rasenschnitt**. Im nächsten Frühling **alle nicht verrotteten Stücke aus dem Beet harken**.

Schwarzes Beerengold

Reife Brombeeren sind satt schwarz und lassen sich leicht vom Strauch lösen. **Sie reifen nach und nach, darum ist mehrmaliges Ernten nötig.** Einmal gepflückt halten die Beeren nicht lange – am besten gleich frisch naschen! Zum Einfrieren legen Sie die Beeren einzeln auf ein Brett und frieren sie so an. Wenn die Beeren hart sind, kommen sie zusammen in eine Dose. Schneiden sollten Sie die Ruten erst im Frühjahr, nicht gleich nach der Ernte.

Fotos: stock.adobe.com (6): jgolby, Di_llikaeva, Cora Müller, Shaiith, JoannaTkaczuk, volff • Illustrationen: stock.adobe.com (3): Kaya Gach, Hanna, Ludmila Puschkina; Christine Faltermayr

Gemüse richtig gut lagern

Temperatur/ Luftfeuchte/ Licht	Gemüseart	Lagerart/ Lagerort
0–2 ° C, 95–98 %, dunkel	Möhre, Rote Bete, Winterrettich, Schwarzwurzel, Pastinake, Petersilienwurzel, Topinambur, Knollensellerie, Knollenziest, Meerrettich	Größere Mengen in feuchtem Sand einschlagen, kleine Mengen im Gemüsefach des Kühlschranks
2–5 ° C, 90–95 %, hell	Blumenkohl, Brokkoli, Chinakohl, Endivie, Fenchel, Kopfkohl, Lauch, Radicchio, Rosenkohl, Zwiebeln	Mit Wurzeln im Frühbeet oder in Töpfe mit Erde setzen, ohne Wurzeln in Packpapier eingewickelt in luftigen Kisten im Keller oder Schuppen.
5–10 ° C, 90–95 %, dunkel	Kartoffeln	In luftigen Kisten, in hellen Räumen, Kiste mit dichtem Stoff (Sackleinen o.ä.) abdecken.
0–12 ° C, 60–70 %, hell oder dunkel	Kürbis, Knoblauch	In Regalen im Keller, Dachboden oder in ungeheizten Fluren aufbewahren.

Kühle Nächte unter Vlies

Auch wenn die Tage noch warm sind und noch viele frostfreie Nächte folgen, kann es im September schon hier und da mal **Bodenfrost** geben. **Fruchtgemüsearten** und **fast erntereifen Salaten** kann dieser ganz schön zusetzen. Achten Sie daher auf die Vorhersagen der Nachttemperaturen und **decken Sie empfindliche Arten wie Gurken, Chili, Zucchini, Paprika und Sommerblumen wie Begonien mit einem Gemüsevlies ab.**

Geduld mit den Nüssen

Warten Sie mit der **Ernte von Haselnüssen**, bis sie wirklich ausgereift sind. Zwischen September und Oktober ist es je nach Sorte und Region so weit. **Richtig reif sind die Nüsse erst dann, wenn sie von selbst oder beim Schütteln der Sträucher aus ihren Bechern fallen.** Die reifen Nüsse sollten Sie am besten **kühl aufbewahren (bei 10–15 °C)**, dann trocknen sie langsam und bleiben bis zur nächsten Nuss-Saison gut. In warmen Räumen dagegen kann das Nussfett schnell ranzig werden.

Wespen fliegen gerne Zwetschgenkuchen an.

Wespen gezielt ablenken

Wespen haben eine feine Nase. Daher gilt es, **Speisen und Getränke mit Hauben und (Bier-)Deckeln abzudecken, Saft- oder Marmeladenflecken** sofort zu entfernen und **Kindern nach dem Essen Mund und Hände abzuwischen.** Sie sollten nicht nach Wespen schlagen oder sie wegpusten, da sie beides aggressiv und angriffslustig macht.

Etwa 5 m neben dem Essplatz eine Schüssel mit überreifen Weintrauben aufstellen. Die Früchte locken die Wespen weg vom Tisch.

Gemeine Wespe

Gemüsegarten-Bodenkur

Bis Ende September können Sie zur Bodenverbesserung noch **winterharte Gründüngerpflanzen, wie Winterroggen, Winterzottelwicke oder Klee** auf brachliegenden Flächen einsäen. **Für Beete, auf denen Sie im Frühjahr sehr zeitig Spinat oder Puffbohnen säen** wollen, wählen Sie besser eine **nicht winterharte Gründüngerpflanze** wie **Ölrettich und Bienenfreund**, deren Reste sie vor der neuen Aussaat mit dem Rechen vom Beet holen.

Gräser: Stars des Herbsts

Im Spätsommer und Herbst laufen geschickt kombinierte Ziergräser zur Hochform auf. Die **Mähnengerste** beispielsweise (*Hordeum jubatum*) bildet eine federleichte Kulisse. Schön für **einen trockenen Standort sind das zarte Engelshaar** (*Stipa tenuissima*) und das hohe **Riesen-Federgras** (*Stipa gigantea*), Das **Diamant-Reitgras** (*Calamagrostis arundinacea var. brachytricha*) mag es lieber feucht. **Bei horstbildenden Gräsern verkahlt oft die Mitte. Graben Sie dann den Wurzelstock aus und teilen ihn mit einem Spaten. An anderer Stelle eingesetzt, wachsen die einzelnen Teile dann wieder kräftig, aber kompakt.**

Oktober 2024

Woche 41

7 Mo SA 07:33 SU 18:46	
8 Di SA 07:35 SU 18:43	
9 Mi SA 07:36 SU 18:41	
10 Do SA 07:38 SU 18:39	
11 Fr SA 07:40 SU 18:37	
12 Sa SA 07:41 SU 18:35	
13 So SA 07:43 SU 18:32	

* Feiertag nicht in allen Bundesländern

Niederschläge mm | min/max °C

Sankt Pelei führt Donner und Hagel herbei.

Niederschläge mm | min/max °C

Tiefstellung: 13:53 Uhr

ab 9 Uhr

Niederschläge mm | min/max °C

Erstes Viertel: 20:55 Uhr

Niederschläge mm | min/max °C

ab 16 Uhr

Niederschläge mm | min/max °C

Niederschläge mm | min/max °C

ab 16 Uhr

Niederschläge mm | min/max °C

ungünstig für Aussaat und Pflanzung

besonders günstig für Aussaat und Pflanzung

Illustrationen: Christine Faltermayr

Oktober 2024

14 Mo SA 07:45 SU 18:30	
15 Di SA 07:46 SU 18:28	
16 Mi SA 07:48 SU 18:26	
17 Do SA 07:50 SU 18:24	
18 Fr SA 07:51 SU 18:22	
19 Sa SA 07:53 SU 18:20	
20 So SA 07:55 SU 18:18	

* Feiertag nicht in allen Bundesländern

			Niederschläge mm	min/max °C

ab 9 Uhr

			Niederschläge mm	min/max °C

Auf St. Gall' bleibt die Kuh im Stall.

Aufsteigender Mondknoten: 09:12 Uhr

			Niederschläge mm	min/max °C

Perigäum: 02:46 Uhr
Vollmond: 13:27 Uhr

ab 22 Uhr

			Niederschläge mm	min/max °C

			Niederschläge mm	min/max °C

ab 12 Uhr

			Niederschläge mm	min/max °C

			Niederschläge mm	min/max °C

ungünstig für Aussaat und Pflanzung — besonders günstig für Aussaat und Pflanzung

Illustrationen: Christine Faltermayr

Oktober 2024

	Woche 43
21 Mo SA 07:57 SU 18:16	
22 Di SA 07:58 SU 18:14	
23 Mi SA 08:00 SU 18:12	
24 Do SA 08:02 SU 18:10	
25 Fr SA 08:03 SU 18:08	
26 Sa SA 08:05 SU 18:06	
27 So SA 07:07 SU 17:04	

* Feiertag nicht in allen Bundesländern

			Niederschläge mm	min/max °C

Hochstellung: 02:50 Uhr

ab 0 Uhr

			Niederschläge mm	min/max °C

			Niederschläge mm	min/max °C

Letztes Viertel: 10:03 Uhr

ab 3 Uhr

			Niederschläge mm	min/max °C

ab 19 Uhr

			Niederschläge mm	min/max °C

Warmer Gilbhart bringt fürwahr
stets einen kalten Januar.

			Niederschläge mm	min/max °C

			Niederschläge mm	min/max °C

ungünstig für Aussaat und Pflanzung — besonders günstig für Aussaat und Pflanzung

Illustrationen: Christine Faltermayr

Oktober / November 2024

28 Mo		Woche 44
SA 07:09 SU 17:02		
29 Di		
SA 07:10 SU 17:00		
30 Mi		
SA 07:12 SU 16:58		
31 Do	Reformationstag*	
SA 07:14 SU 16:57		
1 Fr	Allerheiligen*	
SA 07:16 SU 16:55		
2 Sa		
SA 07:17 SU 16:53		
3 So		
SA 07:19 SU 16:51		

* Feiertag nicht in allen Bundesländern

ab 17 Uhr

			Niederschläge mm	min/max °C

Absteigender Mondknoten: 18:44 Uhr
Apogäum: 23:50 Uhr

			Niederschläge mm	min/max °C

			Niederschläge mm	min/max °C

Perigäum: 04:53 Uhr

			Niederschläge mm	min/max °C

Neumond: 13:47 Uhr

ab 14 Uhr

			Niederschläge mm	min/max °C

			Niederschläge mm	min/max °C

ab 4 Uhr

			Niederschläge mm	min/max °C

Illustrationen: Christine Faltermayr

ungünstig für Aussaat und Pflanzung — besonders günstig für Aussaat und Pflanzung

Arbeitskalender der zehn Jahreszeiten

Mond-phase	Günstige Tage	Säen	Pflanzen
	17.–19.10., 25.–28.10., 05.–07.11., 14.–15.10.		Obstgehölze
	19.–22.10., 28.10.–01.11., 07.–09.11.		
	22.–24.10., 01.–03.11., 09.–11.11.		Blumenzwiebeln, Blütengehölze, Stauden
	15.–17.10., 24.–25.10., 03.–05.11., 11.–14.11.		

Naturnahe Blumen und Gehölze pflanzen

Im Spätherbst ist Pflanzzeit. Wer den Garten natürlicher gestalten möchte, wählt **insekten- und vogelfreundliche Arten**. Obendrein lohnt es sich, zunehmend auf trockenheitstolerante Pflanzen zu setzen.

Wolliger Schneeball-Blüte

Essigrose Blüte

Fotos: stock.adobe.com (7): CHROMORANGE, Finanzfoto, Marina Lohrbach, leomalsam, M. Schuppich, TasfotoNL, yujie; GAP Photos

Spätherbst: Mitte Oktober bis Mitte November

Pflegen	Ernten
	späte Apfelsorten, Haselnüsse, Herbsthimbeeren, Walnüsse
Anhäufeln, mit Laub oder Vlies schützen	
	Haferwurzeln, Möhren, Rettich, Rote Bete, Schwarzwurzeln, Topinambur
	Chinakohl, Feldsalat, Grünkohl, Kopfkohlarten, Pak Choi, Lauch, Rosenkohl

- **Zwiebelblumen:** Balkan-Anemone, Gefingerter Lerchensporn, Spanisches Hasenglöckchen, Dolden-Milchstern, Sibirischer Blaustern, Nickender Milchstern, Schneeglanz, Kugellauch, Winterling, Schneeglöckchen

- **Stauden:** Natternkopf, Bartblume, Schafgarbe, Duftnessel, Moschusmalve, Steppen-Salbei, Purpur-Fetthenne, Purpur-Sonnenhut, Spornblume, Sonnenbraut, Indianernessel

- **Gehölze:** Felsenbirne, Gewöhnliche Berberitze, Kornelkirsche, Weiden-Arten, Holunder, Weißdorn, Essigrose, Roter Hartriegel, Wolliger Schneeball

Der Garten im Oktober

Bauerngarten im Kleinformat

Pflanzvorschlag mit Obst, Kräutern und Blumen

Kleiner Bauerngarten

Dieser Pflanzvorschlag beansprucht nur 8 x 5 m Fläche. Diese entspricht in etwa der Größe vieler Reihenhausgärten: (1) Himbeeren; (2) Johannisbeer-Hochstamm; (3) Stachelbeer-Hochstamm; (4) Buchs; (5) Tagetes 'Aurora'; **Beet rechts vorne:** (6) Schnittlauch; (7) Petersilie; (8) Zitronenmelisse; (9) Ananas-Minze 'Variegata'; (10) Dill; (11) Fenchel; (12) Liebstöckel; **Beet links vorne:** (13) Thymian; (14) Oregano; (15) Currykraut; (16) Berg-Bohnenkraut; (17) Salbei; (18) Ysop; (19) Weinraute; (20) Lavendel; (21) Muskatellersalbei; **Beet links hinten:** (22) Rittersporn 'Lanzenträger'; (23) Sonnenhut; (24) Margeriten; (25) Pfirsichblättrige Glockenblume; (26) Bartnelken; (27) Löwenmäulchen; (28) Kletterrose 'Compassion'; **Beet rechts hinten:** (29) Strauchrose 'Gertrude Jekyll'; (30) Stockrosen; (31) Licht-Nelke; (32) Schwarzäugiger Storchschnabel; (33) Pfingstrose 'Festiva Maxima'; (34) Sommer-Salbei

Phänologie
Vollherbst

Kastanien und Eicheln reifen und prasseln zu Boden, die Blätter an den Bäumen färben sich bunt. Auf den Stromleitungen ruhen sich große Starenschwärme auf ihrem Zug nach Süden aus. Im Garten wird noch immer abgeerntet, Wintergemüse und späte Obstarten wie Quitten und Nüsse. Es wird Laub gerecht, Kompost aufgesetzt und aufgeräumt.

Fotos: stock.adobe.com ( ): Iva, kolesnikovserg, Maglido-Photography, nmelnychuk, vimart; GAP Photos (2) • Illustrationen: Tanya Syrytsyna/stock.adobe.com; Christine Faltermayr (3)

Astern im Herbst

Glattblatt-Aster

Vor allem die **ungefüllten heimischen Arten** stehen jetzt bei Insekten hoch im Kurs. **Es gibt polsterartig wachsende oder buschig aufrechte Arten.** Einige der Wildastern sind allerdings **keine richtigen Astern,** das weiß man dank neuerer molekularbiologischer Untersuchungen. Zum Beispiel die **Wald-Aster** oder die **Myrten-Aster**. Fast alle sind aber noch unter ihren bisherigen Namen im Handel und die Insekten interessiert die Umbenennung der Pflanzen ebenfalls herzlich wenig.

Myrten-Aster

Obstbaum: Nicht am Platz sparen!

- Neue **Obstgehölze** haben oft einen kleinen Wurzelballen.
- Weil das **Ausheben der Pflanzgrube** eine anstrengende Arbeit ist, vor allem bei schweren Böden, graben viele Gärtner ein zu kleines Loch.
- Ihr Bäumchen wächst wesentlich schneller an, wenn Sie ihm eine große **Pflanzgrube** schaufeln, die **im Durchmesser doppelt so groß ist wie der Ballen und um 25 % tiefer.**
- **Harken Sie den Boden** der Pflanzgrube leicht auf, füllen etwas **Komposterde** ein und setzen das Bäumchen so darauf, dass die **Oberflächen von Ballen und Umgebung eben** sind.
- Die **Ränder mit lockerer Erde auffüllen** und **gut angießen**.

Fruchtleder selber machen

Feine Fruchtleder-Rollen

Um Fruchtleder aus Früchten, wie **Zwetschgen, Äpfel** und **Birnen,** herzustellen, brauchen Sie einen guten **Pürierstab** oder einen **Mixer**. Damit das Fruchtleder schön geschmeidig wird und nicht bricht, sollte das **Fruchtfleisch fein püriert** und **zähflüssig sein, daher evtl. mit Nussmus andicken**. Zum **Trocknen** wird das Mus **0,5 cm dick** auf **Backpapier** ausgestrichen und trocknet **3–4 Stunden** bei ca. **80 °C** in einem **Dörrgerät** oder **Backofen** mit **Umluftfunktion**.

Reiche Ernte nach richtiger Pflanzung

Die Veredlungsstelle liegt oberhalb der Erdoberfläche.

Was noch zu tun ist:

- **Befreien Sie Baumscheiben** von Gras, das sie während der Sommermonate überwachsen hat. Das erspart kleinen Bäumen den Kampf um Wasser und Nährstoffe.
- **Wurzelkräuter** sind jetzt erntebereit. Die Wurzeln und Rhizome von Beinwell, Baldrian und Arznei-Engelwurz enthalten jetzt am meisten Inhaltsstoffe.
- Holen Sie die **Wasserpumpe** aus Ihrem Teich. Die meisten Gartenteichgeräte vertragen keinen Frost. Reinigen Sie die Pumpe und lagern Sie sie frostfrei in einem Eimer Wasser.
- Lassen Sie **herbstblühende Stauden** stehen. Samenstände, etwa von Fetthenne, Sonnenhut oder Brandkraut sind auch im Winter dekorativ und bieten Tieren Unterschlupf und Nahrung.
- **Sellerie, Rote Bete und Möhren** können Sie jetzt in einer Kiste mit frischem, feuchten Sand kühl, aber frostfrei einlagern.

Gemüse im Rahmen. Nach der Ernte sind die Beete als Flächenkompost nutzbar.

Gemüse im Rahmen

Ein **Rahmen aus Holz, Ruten (Weide, Haselnuss) oder Steinen** ist **schnell gebaut** und erhöht das Beet wirkungsvoll: Bereits mit einer **Auflage von etwa 20 cm guter Erde** errichten Sie ein deutlich besseres Gemüsebeet. Verdichteter Boden oder Krankheiten, die im Boden lauern, sind Geschichte. Außerdem lassen sich **Schnecken mit einem Kupferband oder Schneckenzaun aussperren**. Legt man den Boden vor dem Bau mit Draht aus, haben **Wühlmäuse keine Chance.**

Vielfältiger Zierlauch

Riesenlauch

Bis in den November können Sie Zwiebeln von Zierlauch und seinen Verwandten setzen. Neben den Arten mit den typisch violetten Blütenbällen gibt es Arten mit glöckchenartig hängenden Blüten (**Bulgarischer Lauch**), halbkugeligen Dolden (**Neapel-Lauch, Schwarzer Lauch**), kleinen ovalen Köpfchen (**Kugel-Lauch**), fontänenartigen Blüten (**Gelber Lauch**) und Blütenkugeln in außergewöhnlichen Farben (**Blauzungen-Lauch**). Alle bevorzugen einen **gut drainierten, eher sandig-humosen Boden ohne Staunässe und einen sonnigen Standort.**

Fotos: ON-Photography/stock.adobe.com; GAP/Robert Mabic • Illustrationen: stock.adobe.com (2): Kazakova Maryia, zenina; Christine Faltermayr

November 2024

Woche 45

4 Mo SA 07:21 SU 16:50	
5 Di SA 07:23 SU 16:48	
6 Mi SA 07:24 SU 16:46	
7 Do SA 07:26 SU 16:45	
8 Fr SA 07:28 SU 16:43	
9 Sa SA 07:30 SU 16:41	
10 So SA 07:31 SU 16:40	

* Feiertag nicht in allen Bundesländern

Niederschläge mm | min/max °C

Tiefstellung: 18:18 Uhr

ab 14 Uhr

Niederschläge mm | min/max °C

Wie's Wetter an Lenardi ist,
bleibt's bis Weihnachten gewiß.

Niederschläge mm | min/max °C

ab 22 Uhr

Niederschläge mm | min/max °C

Niederschläge mm | min/max °C

Erstes Viertel: 06:56 Uhr

ab 23 Uhr

Niederschläge mm | min/max °C

Niederschläge mm | min/max °C

ungünstig für Aussaat und Pflanzung

besonders günstig für Aussaat und Pflanzung

Illustrationen: Christine Faltermayr

November 2024

Woche 46

11 Mo SA 07:33 SU 16:38	
12 Di SA 07:35 SU 16:37	
13 Mi SA 07:37 SU 16:35	
14 Do SA 07:38 SU 16:34	
15 Fr SA 07:40 SU 16:33	
16 Sa SA 07:42 SU 16:31	
17 So SA 07:43 SU 16:30	

* Feiertag nicht in allen Bundesländern

ab 18 Uhr

			Niederschläge mm	min/max °C

Aufsteigender Mondknoten: 17:02 Uhr

			Niederschläge mm	min/max °C

			Niederschläge mm	min/max °C

Perigäum: 12:18 Uhr

ab 8 Uhr

			Niederschläge mm	min/max °C

Der heilige Leopold
ist dem Altweibersommer hold.

Vollmond: 22:29 Uhr

ab 22 Uhr

			Niederschläge mm	min/max °C

			Niederschläge mm	min/max °C

			Niederschläge mm	min/max °C

Illustrationen: Christine Faltermayr

ungünstig für Aussaat und Pflanzung   besonders günstig für Aussaat und Pflanzung

November 2024

18 Mo SA 07:45 SU 16:29	Woche 47
19 Di SA 07:47 SU 16:28	
20 Mi SA 07:48 SU 16:27	Buß- und Bettag*
21 Do SA 07:50 SU 16:25	
22 Fr SA 07:52 SU 16:24	
23 Sa SA 07:53 SU 16:23	
24 So SA 07:55 SU 16:22	

* Feiertag nicht in allen Bundesländern

Hochstellung: 11:22 Uhr

ab 9 Uhr

			Niederschläge mm	min/max °C

			Niederschläge mm	min/max °C

ab 11 Uhr

			Niederschläge mm	min/max °C

			Niederschläge mm	min/max °C

Cäcilia im weißen Kleid
erinnert an die Winterszeit.

ab 2 Uhr

			Niederschläge mm	min/max °C

Letztes Viertel: 02:28 Uhr

			Niederschläge mm	min/max °C

			Niederschläge mm	min/max °C

ungünstig für Aussaat und Pflanzung — besonders günstig für Aussaat und Pflanzung

November / Dezember 2024

25 Mo SA 07:56 SU 16:21		Woche 48
26 Di SA 07:58 SU 16:21		
27 Mi SA 07:59 SU 16:20		
28 Do SA 08:01 SU 16:19		
29 Fr SA 08:02 SU 16:18		
30 Sa SA 08:04 SU 16:18		
1 So SA 08:05 SU 16:17	1. Advent	

* Feiertag nicht in allen Bundesländern

Absteigender Mondknoten: 22:31 Uhr

ab 0 Uhr

Niederschläge mm | min/max °C

Apogäum: 12:56 Uhr

Niederschläge mm | min/max °C

Niederschläge mm | min/max °C

Laufen an Gerhard übers Feld die Krähen,
wird bald Schnee darüber wehen.

ab 21 Uhr

Niederschläge mm | min/max °C

Niederschläge mm | min/max °C

ab 10 Uhr

Niederschläge mm | min/max °C

Neumond: 07:22 Uhr

Niederschläge mm | min/max °C

ungünstig für Aussaat und Pflanzung — besonders günstig für Aussaat und Pflanzung

Der Garten im November

Hecken pflanzen

Jetzt im Herbst lassen sich prima Hecken pflanzen. **Hainbuchen** machen fast alles mit. Sie lassen sich **in nahezu jede Form zurechtstutzen** und bilden eng gepflanzt eine **wind- und blickdichte Hecke**. Gärtner mit mehr Platz setzen auf **bunte Vielfalt**. Eine gemischte Hecke mit unterschiedlich hohen Gehölzen bricht den Wind noch wirkungsvoller und sammelt im Naturgarten zusätzliche Pluspunkte:

Gehölz	Höhe/Boden	Sonstiges
Kanadische Felsenbirne (*Amelanchier canadensis*)	2–8 m/alle Böden, gerne kalkhaltig	essbare Früchte, Vogelnährgehölz, schnittverträglich
Gewöhnliche Hasel (*Corylus avellana*)	4–7 m/humoser Lehmboden	essbare Nüsse, Tierfutter
Kornelkirsche (*Cornus mas*)	bis 5 m/durchlässig, möglichst kalkhaltig	essbare Früchte, Vogelnährgehölz Bienenweide
Kirschpflaume (*Prunus cerasifera*)	4–8 m/durchlässig, humos, lehmig	Bienenweide, Vogelnährgehölz
Schwedische Mehlbeere (*Sorbus intermedia*)	3–10 m/alle Böden	Bienenweide, Vogelnährgehölz, Wildfutter
Gemeiner Weißdorn (*Crataegus monogyna*)	6–8 m/humos, kalkhaltig	Heilpflanze, Vogelnährgehölz

Phänologie Spätherbst

Als einer der letzten Bäume färbt die heimische Eiche ihre Blätter gelb, während die meisten anderen ihr Laub schon längst abgeworfen haben. Der Garten wird winterfest gemacht, das Wintersalat-Beet mit Vlies bedeckt. Steckrüben, Kopfkohl, Lagermöhren, Knollengemüse werden geerntet; Gehölze wie Obstbäume oder Rosen gepflanzt, Algen aus dem Teich gefischt und Laub gesammelt.

Scharfe Schoten fürs nächste Jahr

Chili-Pflanzen, die in einem hellen Raum bei kühlen 10 °C überwintern, blühen und fruchten in der nächsten Saison viel früher, weil sie nicht erst wachsen müssen. Die Pflanzen „ruhen sich dann etwas aus“ und brauchen sehr wenig Wasser. Sie können Chilis **auch an einem hellen Fenster im warmen Zimmer** überwintern, dann brauchen sie aber eine kontinuierliche Versorgung mit Wasser und Nährstoffen, denn dort wachsen sie weiter, blühen und fruchten. Wichtig ist **eine hohe Luftfeuchte**, sonst bekommen Sie schnell Probleme mit Spinnmilben. **Besprühen Sie das Laub regelmäßig mit Wasser oder stellen Sie Wasserschalen auf.**

Laubkompost

Aus dem vielen Herbstlaub wird in einem **Schnellkomposter** im Nu feinkrümelige Lauberde. In einem **luftigen Laubkomposter** geht es genauso, nur ein wenig langsamer. Das Laub der meisten Gehölze, wie von **Ahorn** und **Esche** zersetzt sich schnell. Die Blätter von **Walnuss, Eiche, Kastanie, Platane** und **Pappel** enthalten viel Gerbsäure und werden daher langsamer umgesetzt. **Wenn Sie es eilig haben, häckseln Sie diese Blätter, mischen sie mit anderem Laub und geben Sie den letzten Rasenschnitt dazu.**

Topinambur nach Bedarf ernten

Ab Oktober bis März können Sie Topinamburknollen ernten, die man nach Bedarf aus der Erde holt, da sie maximal zwei Wochen lagerfähig sind. Ein Vlies über dem Beet verhindert, dass der Boden bei Frost gefriert. Die Knollen enthalten **Inulin**, ein Stoff, der die Darmflora in Schwung bringt. Verzehren Sie anfangs nur kleine Mengen, da er oft Blähungen verursacht.

Kübelpflanzen einräumen

Ein unbeheiztes Glas- oder Foliengewächshaus lässt sich vielseitig nutzen: Sogar für Pflanzen, die leichten Frost vertragen wie **Lorbeer, Olive** oder **Bitterorange**, ist es jetzt wieder Zeit, nach drinnen umzuziehen.

Pflanzen aus Südafrika oder dem **Mittelmeerraum** genügen dabei **Temperaturen um die 5–10 °C (Bougainvillea, Schmucklilie, Oleander)**.

Tropische Pflanzen wie **Engelstrompete, Hibiskus oder Kerzenstrauch** (*Cassia*) gehören zu den ersten Pflanzen, die nach drinnen umziehen, sie bevorzugen **10–15 °C**.

Dunkle, kühle Orte eignen sich für Laub abwerfende Arten, etwa **Feigen, Klebsame** (*Pittospermum*) **oder Korallenstrauch** (*Erythrina*). Ein warmer Heizungsraum oder Keller eignet sich nicht.

Für alle Kübelpflanzen, die im Herbst ihr Laub nicht abwerfen, sollte das Winterdomizil möglichst hell sein.

Tipp: Räumen Sie die Pflanzen **nicht mit nassem Laub ein** und **stellen Sie die Kübel nicht zu dicht nebeneinander**. Regelmäßiges **Lüften** ist wichtig: Denn es beugt Schädlingen und Krankheiten vor.

Fotos: stock.adobe.com (4): Rachel Lerch, Irina K., Jenny Sturm, SusaZoom; GAP Photos (2) • Illustration: stock.adobe.com (3): lamnee, Richard Griffin, wilasinee; Christine Faltermayr

Steckhölzer

Schneiden Sie **bleistiftdicke Triebe von Sträuchern mit 3–5 Knospen** unter einer Knospe und oben 0,5 cm über einer Knospe und **stecken sie bis auf 1–2 Knospen senkrecht** in gelockerte Erde.

Die Maus im Haus

Manche leben mit ihr unter einem Dach, meist, ohne es zu ahnen. Denn seit über 3000 Jahren folgt sie uns Menschen auch hierzulande ins Haus. **Mit der Karotte im Karton, den man mit einem daumengroßen Loch versieht,** ist die Hausmaus schnell gefangen und wird einfach wieder vor die Tür gesetzt.

Hausmaus

Obst in Kisten lagern

Spät reifende Sorten von **Apfel** und **Birne** sind meist **am besten lagerfähig**. Sie können diese, aber auch **Kakis, Mispeln** und **Quitten,** jetzt ernten und einlagern. Lagern Sie einwandfreie Früchte einzeln, eventuell durch **Packpapier** voneinander getrennt **in luftigen Holzkisten in einem kühlen, dunklen Keller (unter 10 °C)** oder in einer **Gartenhütte**.

Was noch zu tun ist:

- Setzen Sie in der zweiten Novemberhälfte **Amaryllis-Zwiebeln** in Töpfe, dann dürfen Sie sich zu Weihnachten über die prächtigen Blüten freuen.
- **Reinigen Sie Nistkästen** für Vögel. Das alte Nistmaterial enthält oft Parasiten. Entfernen Sie es und schrubben Sie das Häuschen mit heißem Wasser aus.
- **Säubern Sie den Rasenmäher** nach dem letzten Einsatz. Entfernen Sie anhaftendes Gras, prüfen Sie die Schärfe des Messers, lassen Sie das Benzin ab und bauen Sie die Batterie aus.
- Setzen Sie **frisch gepflanzte Obstbäume** oder **Zwiebelblumen** in **Wühlmauskörbe** aus unverzinktem Kaninchendraht.
- Falls noch nicht geschehen, graben Sie **Dahlienknollen** aus und lagern sie frostsicher.
- **Vogelmiere, Löwenzahn** und Co wachsen auch bei niedrigen Temperaturen, jäten Sie jetzt ein letztes Mal.

Dezember 2024

2 Mo SA 08:06 SU 16:16	Woche 49
3 Di SA 08:08 SU 16:16	
4 Mi SA 08:09 SU 16:15	
5 Do SA 08:10 SU 16:15	
6 Fr SA 08:11 SU 16:15	Nikolaus
7 Sa SA 08:13 SU 16:14	
8 So SA 08:14 SU 16:14	2. Advent

* Feiertag nicht in allen Bundesländern

Tiefstellung: 23:31 Uhr

ab 20 Uhr

			Niederschläge mm	min/max °C

			Niederschläge mm	min/max °C

Barbara im weißen Kleid,
verkündet gute Sommerzeit.

			Niederschläge mm	min/max °C

ab 3 Uhr

			Niederschläge mm	min/max °C

			Niederschläge mm	min/max °C

ab 5 Uhr

			Niederschläge mm	min/max °C

Erstes Viertel: 16:27 Uhr

			Niederschläge mm	min/max °C

ungünstig für Aussaat und Pflanzung

besonders günstig für Aussaat und Pflanzung

Illustrationen: Christine Faltermayr

Dezember 2024

Woche 50

9 Mo SA 08:15 SU 16:14	
10 Di SA 08:16 SU 16:14	
11 Mi SA 08:17 SU 16:14	
12 Do SA 08:18 SU 16:14	
13 Fr SA 08:19 SU 16:14	
14 Sa SA 08:20 SU 16:14	
15 So SA 08:21 SU 16:14	3. Advent

* Feiertag nicht in allen Bundesländern

Aufsteigender Mondknoten: 20:34 Uhr

ab 0 Uhr

			Niederschläge mm	min/max °C

			Niederschläge mm	min/max °C

ab 16 Uhr

			Niederschläge mm	min/max °C

Perigäum: 14:18 Uhr

			Niederschläge mm	min/max °C

An Sankt Lucia ist der
Abend dem Morgen nah.

ab 8 Uhr

			Niederschläge mm	min/max °C

			Niederschläge mm	min/max °C

Vollmond: 10:02 Uhr
Hochstellung: 21:12 Uhr

ab 20 Uhr

			Niederschläge mm	min/max °C

ungünstig für Aussaat und Pflanzung — besonders günstig für Aussaat und Pflanzung

Illustrationen: Christine Faltermayr

Dezember 2024

16 Mo SA 08:21 SU 16:14	Woche 51
17 Di SA 08:22 SU 16:14	
18 Mi SA 08:23 SU 16:15	
19 Do SA 08:23 SU 16:15	
20 Fr SA 08:24 SU 16:16	
21 Sa SA 08:24 SU 16:16	
22 So SA 08:25 SU 16:17	4. Advent

* Feiertag nicht in allen Bundesländern

Niederschläge mm | min/max °C

ab 21 Uhr

Niederschläge mm | min/max °C

Um den Tag des Wunibald,
da wird es meistens richtig kalt.

Niederschläge mm | min/max °C

ab 11 Uhr

Niederschläge mm | min/max °C

Niederschläge mm | min/max °C

Niederschläge mm | min/max °C

Letztes Viertel: 23:18 Uhr

ab 7 Uhr

Niederschläge mm | min/max °C

ungünstig für Aussaat und Pflanzung — besonders günstig für Aussaat und Pflanzung

Illustrationen: Christine Faltermayr

Dezember 2024

23 Mo SA 08:25 SU 16:17	Woche 52
24 Di SA 08:26 SU 16:18	Heiliger Abend
25 Mi SA 08:26 SU 16:19	1. Weihnachtstag
26 Do SA 08:26 SU 16:19	2. Weihnachtstag
27 Fr SA 08:27 SU 16:20	
28 Sa SA 08:27 SU 16:21	
29 So SA 08:27 SU 16:22	

* Feiertag nicht in allen Bundesländern

Absteigender Mondknoten: 00:23 Uhr

			Niederschläge mm	min/max °C

Apogäum: 08:25 Uhr

			Niederschläge mm	min/max °C

Steckt die Krähe zu Weihnacht im Klee,
sitzt sie zu Ostern oft im Schnee.

			Niederschläge mm	min/max °C

ab 5 Uhr

			Niederschläge mm	min/max °C

ab 18 Uhr

			Niederschläge mm	min/max °C

			Niederschläge mm	min/max °C

			Niederschläge mm	min/max °C

ungünstig für Aussaat und Pflanzung
besonders günstig für Aussaat und Pflanzung

Illustrationen: Christine Faltermayr

Dezember 2024 / Januar 2025

30 Mo SA 08:27 SU 16:23		Woche 1
31 Di SA 08:27 SU 16:24	Silvester	
1 Mi SA SU	Neujahr	
2 Do SA SU		
3 Fr SA SU		
4 Sa SA SU		
5 So SA SU	**Liebe Gartenfreundin, lieber Gartenfreund,** zum Redaktionsschluss dieses Gartenjahrbuchs lagen uns die Sonnen- und Monddaten für das Jahr 2025 noch nicht vor. Wenn Ihnen dieses Gartenjahrbuch gefallen hat und Sie damit gut arbeiten konnten, empfehlen wir Ihnen das Gartenjahrbuch 2025, in dem Sie dann wieder alle aktuellen Daten finden.	

* Feiertag nicht in allen Bundesländern

Tiefstellung: 06:06 Uhr
Neumond: 23:27 Uhr

ab 3 Uhr

			Niederschläge mm	min/max °C

			Niederschläge mm	min/max °C

Verlag und Redaktion wünschen Ihnen ein glückliches und gesundes Neues Jahr!

			Niederschläge mm	min/max °C

Apogäum: 20:31 Uhr

			Niederschläge mm	min/max °C

			Niederschläge mm	min/max °C

			Niederschläge mm	min/max °C

			Niederschläge mm	min/max °C

Illustrationen: Christine Faltermayr

ungünstig für Aussaat und Pflanzung   besonders günstig für Aussaat und Pflanzung

Arbeitskalender der zehn Jahreszeiten

Mond-phase	Günstige Tage	Säen	Pflanzen
	22.–25.11., 02.–05.12., 11.–13.12., 19.–22.12., 30.–31.12.		
	15.–18.11., 25.–28.11., 05.–07.12., 13.–15.12., 22.–26.12.		
	18.–20.11., 28.–30.11., 07.–09.12., 15.–17.12., 26.–27.12.	Kaltkeimer (alpine Stauden)	Saatgefäße mit Kaltkeimern im Freien aufstellen
	20.–22.11., 30.11.–02.12., 09.–11.12., 17.–19.12., 27.–30.12.		

10 Tipps zum Lagern von Äpfeln

(1) Nur unversehrte Exemplare eignen sich zum Einlagern. Klassische Lagersorten sind **'Berlepsch', 'Boskoop', 'Kaiser Wilhelm', 'Ontario'** oder **'Winterrambour'.**

(2) **Früchte müssen pflückreif sein.** Äpfel, die sich nicht vom Ast lösen, bleiben am Baum. Sie sind bei der 2. oder 3. Pflückrunde 1–2 Wochen später an der Reihe.

(3) **Kühle Nachttemperaturen ausnutzen.** Bleiben die Kisten nach der Ernte 1–2 Tage im Schatten vor Tau geschützt im Freien stehen, kühlen die Früchte ab und stellen ihren Stoffwechsel um.

(4) **Saubere Lagerräume,** Regale und Kisten sind eine Grundvoraussetzung für gutes Gelingen. Lüften Sie die Räume vor dem Einlagern.

(5) **Obst und Gemüse** stets getrennt voneinander aufbewahren.

(6) **Äpfel bestenfalls einlagig,** ohne dass sie sich berühren, in Holzsteigen übereinanderstapeln.

Fotos: stock.adobe.com (3): Bacho Foto, Eberhard, womue; GAP/Gary Smith
Illustrationen: cosmicanna, Christine Faltermayr

Winter: Mitte November bis Ende Dezember

Pflegen	Ernten
	Hagebutten, Schlehen, Winteräpfel
Nur bei frostfreiem Boden ernten	Haferwurzeln, Schwarzwurzeln, Topinambur, Winterrettich
Gegebenenfalls mit Vlies abdecken, nur bei frostfreiem Wetter ernten	Chinakohl, Feldsalat, Grünkohl, Pak Choi, Rosenkohl

⑦ **Optimale Lagerräume sind kühl und feucht** (3–6 °C, 80–90 %). Meist erreicht man hohe Luftfeuchtigkeit nur in Erdkellern.
⑧ **Wenige Kisten lassen sich mit angefeuchteten Ziegelsteinen umranden** und mit einem feuchten Tuch abdecken.
⑨ **Lager wöchentlich kontrollieren** und kranke Früchte aussortieren.
⑩ **Regelmäßig lüften,** damit das Reifegas entweicht.

Der Garten im Dezember

Weihnachtsdeko ohne Nadeln

Werkstücke aus Laub von **Immergrünen** wie **Efeu, Runzelblättrigem Schneeball**, **Lorbeerkirsche**, **Mahonie** oder **Stechpalme** sind hübsch anzusehen. Generell hält jedes Arrangement aus Pflanzenmaterial besser, wenn man es **über Nacht** nach **draußen** oder in einen **kühlen Raum**, etwa das Treppenhaus oder die Garage stellt.

Herbstrüben für den Winter

Mit dem Begriff **Speiserübe** bezeichnet man im Deutschen mehrere Rüben verschiedener Unterarten. Während die **Steckrübe** (*Brassica napus ssp. rapifer*a) ziemlich lange bis zur Reife braucht, wachsen die Vertreter der Unterart *Brassica rapa subsp. rapa* wie **Herbstrüben (Stoppelrüben)** rasant ihrer Ernte entgegen. Sie eignen sich hervorragend als **herbstliche Beetfüller nach Salat, Bohnen oder Frühkartoffeln**. Nach dem Hochsommer ausgesät, bleibt ihr Fleisch zart und es entstehen keine Blüten, was die Knollenbildung verhindern würde. **Es gibt sie in vielen Farben und Formen**. Sie **schmecken rettichähnlich** und **scharfaromatisch. Feine lagerfähige Herbstrübensorten: 'Blanc dur d'hiver', 'Zürcher Stoppelrübe'** oder **'Ulmer Ochsenhörner'.**

Fotos: stock.adobe.com (5): Heiko Barth, motivjaegerin1, PhotoSG, Ruckszio, stanslavov; GAP Photos (2), GAP (2): Nova Photo Graphik, Gary Smith
Illustrationen: stock.adobe.com (4): Hanna, joluga, Nadja, Ollga P

Das Buffet eröffnen

Die meisten Freunde machen Sie sich mit einem **Mix aus Sonnenblumenkernen, Erdnusskernen, geölten Haferflocken, Rosinen, Fettfutter, halben Äpfeln und kleinen Sämereien wie Hanf-, Mohn- oder Grassamen.** Damit kommen **alle Arten** auf ihre Kosten. Achten Sie darauf, die Futterquelle möglichst **katzensicher** anzubringen, am besten freihängend an einem nicht zu dicken Ast in einiger Höhe. Für Arten, die ihr **Futter lieber am Boden** aufnehmen, gibt es **katzensichere Futterautomaten**.

Blumenzwiebeln stecken

Ist der Boden im Blumenbeet frostfrei? Dann lassen sich **Zwiebeln von Narzissen, Tulpen oder Krokussen** pflanzen. Kaufen Sie nur **gesunde und feste Exemplare.** Diese schieben zwar im kommenden Frühjahr etwas später ihre Blätter und Blüten aus der Erde, aber genauso üppig wie die Kollegen, die bereits im September ihre Winterruhe in der Erde antreten durften.

Obst für kalte Lagen

Für **winterkalte Regionen** wählt man **frostharte Unterlagen** (beim Apfel z.B. die in Schweden gezüchtete A2) und **kombiniert sie mit frostresistenten Sorten: Äpfel**: 'Bohnapfel', 'Danziger Kantapfel', 'Jakob Lebel', 'Klarapfel', 'Grahams Jubiläum', 'Berner Rosenapfel'; **Kirschen:** 'Kordia', 'Große Germersdorfer', 'Büttners Rote Knorpelkirsche', 'Köröser Weichsel' (Sauerkirsche); **Zwetschgen, Pflaumen, Reneklodeń:** 'Wangenheims Frühzwetschge', 'Hauszwetschge', 'Anna Späth Zwetschge', 'Geisenheimer Top', 'Schönberger Zwetschge', 'Hanita'

Was noch zu tun ist:

- Um die Bewohner des **Gartenteichs** zu schützen, sollten Sie eine Stelle **eisfrei** halten. Am besten mit einem schwimmenden Gegenstand, z. B. einem Ball.
- **Fruchtmumien**, die an den Obstbaumzweigen hängen, sollten Sie entfernen. Sie dienen oft als **Überwinterungsort für Krankheitserreger**.
- **Gräser zusammenzubinden** schützt deren Herz vor zu viel winterlicher Nässe und Kälte.
- Haben Sie vor, im Frühjahr **Obstbäume zu veredeln**, ist jetzt die richtige Zeit, um **Edelreiser zu schneiden**. Lagern Sie die Reiser am besten kühl und feucht eingeschlagen.
- Solange der Boden nicht gefroren ist, können Sie **Bodenproben nehmen** und in ein Labor zur Analyse schicken. So wissen Sie, ob und wie Sie in der nächsten Saison düngen müssen.
- **Palmkohl ist nicht so frosthart wie Grünkohl**. Ernten Sie jetzt, bevor es Perioden mit sehr tiefen Temperaturen gibt.

Drei Tipps gegen Katzen im Beet

Verpiss-Dich-Pflanze

1. Kleine Beete mit engmaschigen Drähten einzäunen.
2. Pflanzflächen mit grobem **Mulch, Rosen- oder Dornenschnitt, Holzhackschnitzeln** oder ausgelegten **Disteln** abdecken.
3. Katzen **mit Geruch** vertreiben: Die **Verpiss-Dich-Pflanze** (*Plectranthus ornatus*) mögen die Vierbeiner ebenso wenig riechen wie **Minze, Melisse, Currykraut, Lavendel** und **Weinraute**. Außerdem ist ihnen der Duft von Schalen von **Zitrusfrüchten**, gehacktem **Knoblauch**, gemahlenem **Pfeffer**, **Kaffeesatz** und frischer **Rasenschnitt** unangenehm.

Saatgut rasch aufbrauchen

Manche **Gemüse- und Kräutersamen** verlieren schnell ihre Keimfähigkeit. Saatgut von **Zwiebeln, Lauch, Schnittlauch, Schwarzwurzeln, Bohnenkraut** oder **Dill** sollte **möglichst im Jahr nach der Ernte ausgesät** werden. Damit auch die kurzlebigen Samenkörner im nächsten Frühling zuverlässig keimen, brauchen sie ein **dunkles und trockenes Winterquartier** wie ein dunkles **Schraubglas** oder ein Weißglas, welches dunkel steht. **Altes, aussortiertes Saatgut leistet übrigens als Vogelfutter gute Dienste.**

Unreife Dillsamen

Zwiebelsamen im nächsten Frühjahr säen

Reifes Dill-Saatgut

Naturshop
LBV
GESTALTEN SIE IHREN GARTEN VOGELFREUNDLICH
Vogelfutter, Vogelfutterspender und Nistkästen von den Vogelschutz-Profis
Mit einem naturnahen und vogelfreundlichen Garten leisten Sie einen großen Beitrag für die Artenvielfalt vor der eigenen Haustüre. Bei uns finden Sie ein ausgewähltes und hochwertiges Futtersortiment für eine ganzjährige und artgerechte Vogelfütterung. Kontaktieren Sie uns für Ihre persönliche Beratung und besuchen Sie unseren Online-Shop. Der LBV-Naturshop ist der Online-Shop des Naturschutzverbands LBV.
Alle Gewinne fließen zu 100% in die Naturschutzarbeit des LBV
09174-4775-7023
lbv-shop.de
naturshop@lbv.de

Treffpunkte für alle Gartenfreunde

Längst ist das Gärtnern ohne Gift und leicht lösliche Mineraldünger (Kunstdünger) zur Regel geworden. Doch die öffentlichen Biogärten bieten darüber hinaus neue Anregungen.

Die öffentlichen Biogärten entwickeln sich immer weiter. Einst wurden diese Pionier-Einrichtungen von außen oft belächelt, doch waren sie mit dem, was sie zeigten und an Wissen verbreiteten, ihrer Zeit oft ein Stück voraus.

Heute ist Biogärtnern gang und gäbe, jedenfalls geht kaum noch jemand vorsätzlich und mit voller Begeisterung mit der Giftspritze in den Garten, wie es noch in den 1980er-Jahren der Fall war. Dass dies weder Hobbygärtner noch viele Berufsgärtner für nötig befinden, ist unter anderem diesen öffentlichen Biogärten zu verdanken. Dort konnten sich die Besucher anhand von Mischkulturen, Kräutern und Obstbäumen sowie zahlreicher Beispiele naturnaher Gartengestaltung davon überzeugen, dass biologisches Gärtnern keine Hexerei, sondern die bessere Alternative zum konventionellen Umgang mit Gartenpflanzen ist.

Dabei sind die Betreiber und Mitarbeiter dieser Gärten nicht stehengeblieben. Sie entwickeln ihr Wissen über biologisches Gärtnern weiter, probieren neue Wege aus und lassen ihre Besucher davon profitieren.

Freilandlabor Britz e. V.
Sangerhauser Weg 1
12349 Berlin
Tel. 030-7033020
www.freilandlabor-britz.de

Biogarten Prieros
Mühlendamm 14
15752 Prieros
Tel. 03376850-130/-455
www.biogartenprieros.de

Botanischer Sondergarten Wandsbek
Walddörferstr. 273
22047 Hamburg
Tel. 040-6939734
www.hamburg.de/botanischer-sondergarten/

Arbeit & Ökologie e. V.
Amersfoorter Str. 8
28259 Bremen
Tel. 0421-583959
www.arbeit-oekologie.de

Börde-Museum Burg Ummendorf
Meyendorffstr. 4
39365 Ummendorf
Tel. 039409-522
www.boerde-museum-burg-ummendorf.de

Biogarten der VHS Düsseldorf im Südpark
Info: VHS, Bertha-von-Suttner-Platz 1
40227 Düsseldorf
Tel. 0211-54357770
www.duesseldorf.de

VHS-Biogarten und -Imkerei Thurner Hof
Mielenforster Str. 1,
51069 Köln (Dellbrück)
Tel. 0221-6920067
www.biogarten-thurnerhof.de

Schaugarten Schönhagen
Projekt des Kuhmuhne Schönhagen e.V.
für biologische Vielfalt
Dorfstr. 12
37318 Schönhagen
Tel. 036083-54544
www.schaugarten.kuhmuhne.de

NaturGut Ophoven e. V.
Talstr. 4
51379 Leverkusen
Tel. 02171-734990
www.naturgut-ophoven.de

Zentraler Mannheimer Lehrgarten
Lilienthalstr. 60
68307 Mannheim
Tel. 0621-771812
www.gemeinschaftswerk-mannheim.de

Umweltgarten Neubiberg
Äußere Hauptstr. 10
85579 Neubiberg
Tel. 089-60600926
www.umweltgartenverein.de

Streuobstdorf Hausen/Rhön
Kontakt: Adam Zentgraf
Reineckestr. 9
97647 Hausen,
Tel. 09778-1479
adamzentgraf@gmx.de

Botanischer Obstgarten Heilbronn
Im Breitenloch
74076 Heilbronn
Tel. 07131-34280
www.botanischer-obstgarten.de

Ernährungs- und Kräuterzentrum im Kloster St. Marienstern
Ćišinskistraße. 35
01920 Panschwitz-Kuckau,
Tel. 035796-9710
www.ekz-marienstern.de

Der Krameterhof
Keusching 13
A-5591 Ramingstein
office@krameterhof.at
www.krameterhof.at

Gärtnerei am Goetheanum
Hügelweg 74
CH-4143 Dornach
Tel. 0041-617064361
www.gaertnerei.goetheanum.org

Europäische Umweltzentren finden Sie unter: **www.umweltbildung.de**

Foto: GAP Photos

Weiterbildungsstätten

In diesen Einrichtungen erhalten Sie Informationen zum Bereich Umwelt- und Naturschutz, können Seminare besuchen oder Schaugärten besichtigen.

Baden-Württemberg

Zentraler Mannheimer Lehrgarten
Lilienthalstraße 60
68307 Mannheim
Tel. 0621-771812
www.gemeinschaftswerk-mannheim.de

Gartenakademie Baden-Württemberg
Diebsweg 2
69123 Heidelberg
Tel. 06221-7484810
www.gartenakademie.info

Bayern

Bayerische Akademie für Naturschutz u. Landschaftspflege (ANL)
Seethalerstraße 6
83410 Laufen/Salzach
Tel. 08682-89630
www.anl.bayern.de

Bayerische Gartenakademie
An der Steige 15
97209 Veitshöchheim
Tel. 0931-9801147
www.lwg.bayern.de/gartenakademie/

Zentrum für Umwelt und Kultur
Maierhof
Zeilerweg 2
83671 Benediktbeuern
Tel. 08857-88777
www.zuk-bb.de

UBiZ Oberschleichach
Pfarrer-Baumann-Straße 17
97514 Oberaurach
Tel. 09529-92220
www.ubiz.de

Ökologische Akademie e. V.
Baiernrainer Weg 17
83623 Dietramszell/Linden
Tel. 08027-1785
www.oeko-akademie.de

Berlin

Freilandlabor Britz e. V.
Sangerhauser Weg 1
12349 Berlin
Tel. 030-7033020
www.freilandlabor-britz.de

Stiftung Naturschutz Berlin
Potsdamer Straße 68
10785 Berlin
Tel. 030-263940
www.stiftung-naturschutz.de

Brandenburg

Biogarten Prieros
Mühlendamm 14
15754 Heidesee OT Prieros
Tel. 03376850-130/-455
www.biogartenprieros.de

Lenné Akademie f. Gartenbau
c/o Gartenbauverband Berlin-Brandenburg
Dorfstrasse 1, 14513 Teltow-Ruhlsdorf
Tel. 03328-3517535
www.lenne-akademie.de

VERN. e. V.
Burgstraße 20
16278 Greiffenberg/Uckermark
Tel. 033334-70232
www.vern.de

Bremen

Arbeit und Ökologie Betrieb der ÖkoNet GmbH
Amersfoorter Straße 8
28259 Bremen
Tel. 0421-583959
www.arbeit-oekologie.de

Hamburg

Hamburger Umweltzentrum Gut Karlshöhe
Karlshöhe 60 d, 22175 Hamburg
Tel. 040-63702490
www.gut-karlshoehe.de

Botanischer Sondergarten Wandsbek
Walddörferstraße 273
22047 Hamburg
Tel. 040-6939734
www.hamburg.de/botanischer-sondergarten

Hessen

LLH-Hessische Gartenakademie
Brentanostraße 9
65366 Geisenheim
Tel. 06722-502-851
www.llh-hessen.de

Naturschutz-Akademie Hessen
Friedenstraße 26, 35578 Wetzlar,
Tel. 06441-924800
www.na-hessen.de

Niedersachsen

Umweltzentrum Heerser Mühle e. V.
Heerser Mühle 1–3
32107 Bad Salzuflen
Tel. 05222-797151
www.heerser-muehle.de

Evangelisches Bildungszentrum Ostfriesland-Potshausen
Potshauser Straße 20
26842 Ostrhauderfehn-Potshausen
Tel. 04957-92880
www.potshausen.de

NABU Gut Sunder
Meißendorf, 29308 Winsen/Aller
Tel. 05056-970111
www.nabu-gutsunder.de

Nordrhein-Westfalen

Biogarten der VHS Düsseldorf
im Südpark
40225 Düsseldorf-Oberbilk
Tel. 0211-8992427
www.duesseldorf.de/vhs/gesundheit/vhs-biogarten-im-suedpark.html

Natur- und Umweltschutz-Akademie NRW
Siemensstraße 5
45659 Recklinghausen
Tel. 02361-3050
www.nua.nrw.de

Kreislehrgarten Steinfurt
Wemhöferstiege 33
48565 Steinfurt
Tel. 02551-69 4410
www.kreislehrgarten-steinfurt.de

Rheinland-Pfalz

Gartenakademie Rheinland-Pfalz
im DLR Rheinpfalz
Breitenweg 71
67435 Neustadt
Tel. 06321-671-262
www.gartenakademie.rlp.de

Saarland

Saarländische Gartenakademie Landwirtschaftskammer für das Saarland
In der Kolling 310
66450 Bexbach
Tel. 06826-828950
www.lwk-saarland.de

Sachsen

Sächsische Gartenakademie
Söbrigener Straße 3a
01326 Dresden-Pillnitz
Tel. 0351-2612-8080
www.gartenakademie.sachsen.de

Schleswig-Holstein

Akademie für Natur und Umwelt des Landes Schleswig-Holstein
Hamburger Chaussee 25
24220 Flintbek
Tel. 04347-704780
www.schleswig-holstein.de/DE/Landesregierung/BNUR/bnur_node.html

Österreich

Arche Noah Schaugarten GmbH
Obere Straße 40
A-3553 Schiltern
Tel. 0043-27348626
www.arche-noah.at

Therapiegarten GmbH
Herbersdorf 17
A-8510 Stainz
Tel. 0043-34634384
www.therapiegarten.at

„die umweltberatung“
Buchengasse 77
A-1100 Wien
Tel. 0043-18033232
www.umweltberatung.at

Schweiz

Anna-Zemp-Stiftung für umfassenden Mitweltschutz (SUMS)
Lönerenweg 10
CH-8708 Männedorf
Tel. 0041-44-9200494
www.anna-zemp-stiftung.ch

Luxemburg

Lycée Technique Agricole
72 Avenue Lucien Salentiny
L-9080 Ettelbruck
Tel. 00352-8185251
www.lta.lu

Bodenlabore

Baden-Württemberg

Laboratorium Lacher
Niedermattenstraße 3
79238 Ehrenkirchen
Tel. 07633-982234
www.laboratorium-lacher.de

Bioplan-Landeskulturgesellschaft Labor
Pfohlhofstraße 20
74889 Sinsheim-Steinfurt
Tel. 07261-5995
www.bioplan.de

Bremen

Amtliche Materialprüfungsanstalt der Freien Hansestadt Bremen
Paul-Feller-Straße 1
28199 Bremen
Tel. 0421-537080
www.mpa-bremen.de

Hessen

Landesbetrieb Hessisches Landeslabor
Schubertstr. 60/Haus 13
35392 Gießen
Tel. 0641-4800-555
https://lhl.hessen.de

AGROFOR Consulting & Products
Dipl.-Ing. agr. Oliver Wegener
Wiesenstr. 36
35435 Wettenberg
Tel. 0641-980356
www.agrofor.de

Mecklenburg-Vorpommern

Landwirtschaftliche Untersuchungs- und Forschungsanstalt
Graf-Lippe-Straße 1
18059 Rostock
Tel. 0381-20307-0
www.lms-lufa.de

Niedersachsen

LUFA Hameln
Finkenborner Weg 1a
31787 Hameln
Tel. 05151-9871-0
www.lufa-nord-west.de

AGROLAB Laborgruppe
Breslauer Str. 60
31157 Sarstedt
Tel. 05066-901930
www.agrolab.de

Nordrhein-Westfalen

Landwirtschaftliche Untersuchungs- und Forschungsanstalt Nordrhein-Westfalen
Paket- und Besucheranschrift:
Nevinghoff 40, 48147 Münster
Postanschrift:
Postfach 59 80, 48135 Münster
Tel. 0251-2376-595
www.landwirtschaftskammer.de/lufa

Rheinland-Pfalz

Landwirtschaftliche Untersuchungs- und Forschungsanstalt
Obere Langgasse 40
67346 Speyer
Tel. 06232-136-0
www.lufa-speyer.de

Österreich

Österreichische Agentur für Gesundheit + Ernährungssicherheit
Spargelfeldstraße 191
A-1220 Wien
Tel. 0043-505550
www.ages.at

Schweiz

Agroscope FAW Wädenswil Forschungsanstalt für Obst-, Wein- und Gartenbau
Schloss 1
CH-8820 Wädenswil
Tel. 041-584606111
www.agroscope.admin.ch

Foto: GAP Photos

Blumenstrauß: Skabiose 'Fama White', Weidenröschen, Lupine 'Gallery White', Abelie, Rose 'Tranquility', Fenchel, Dahlie 'Eveline', Fingerhut 'Camelot White', Dufttabak, Waldrebe 'Polish Spirit', Ballhortensie 'Annabelle', Dahlie 'White Aster', 'Creme de Cassis', Echter Jasmin, Blumen-Dost 'Herrenhausen', Wermut 'Powis Castle', Cosmea 'Purity'

Pflanzenschutzämter

Baden-Württemberg

Regierungspräsidium Stuttgart
Pflanzenschutz
Ruppmannstr. 21
70565 Stuttgart
Tel. 0711-904-0
www.rp.baden-wuerttemberg.de

Bayern

Bayerische Landesanstalt für
Landwirtschaft
Institut für Pflanzenschutz
Lange Point 10, 85354 Freising
Tel. 08161-715651
www.lfl.bayern.de/ips/

Berlin

Pflanzenschutzamt Berlin
Mohriner Allee 137, 12347 Berlin
Tel. 030-7000060
www.stadtentwicklung.berlin.de/
pflanzenschutz

Brandenburg

Landesamt für Ländliche Entwicklung,
Landwirtschaft und Flurneuordnung
Abt. Pflanzenschutzdienst
Müllroser Chaussee 54
15236 Frankfurt (Oder)
Tel. 0335-60676 2101
https://lelf.brandenburg.de/

Bremen

Pflanzenschutzdienst Bremen
Lötzener Str. 3, 28207 Bremen
Tel. 0421-361-89204
www.lmtvet.bremen.de

Hamburg

Behörde für Wirtschaft, Verkehr und Innovation
Pflanzenschutzamt
Auf der Brandshofer Schleuse 4, 20097 Hamburg
Tel. 040 - 42841-5220
www.hamburg.de/pflanzenschutz

Hessen

Pflanzenschutzdienst Hessen
Schanzenfeldstraße 8, 35578 Wetzlar
Tel. 0641-303-5227
http://pflanzenschutzdienst.rp-giessen.de

Mecklenburg-Vorpommern

Pflanzenschutzdienst
Graf-Lippe-Str. 1, 18059 Rostock
Tel. 0381-4035470
www.lallf.de/pflanzenschutz-saatenanerkennung/

Niedersachsen

LWK Niedersachsen
Pflanzenschutzamt, Sitz Oldenburg
Sedanstr. 4
26121 Oldenburg
Tel. 0441 801-762
www.lwk-niedersachsen.de

Nordrhein-Westfalen

Pflanzenschutzdienst der
Landwirtschaftskammer NRW
Gartenstraße 11, 50765 Köln-Auweiler
Tel. 0221-5340-401
www.landwirtschaftskammer.de/landwirtschaft/
pflanzenschutz/

Rheinland-Pfalz

DLR Rheinhessen-Nahe-Hunsrück Pflanzenschutz
Rüdesheimer Str. 60-68
55545 Bad Kreuznach
Tel. 0671-8200
www.dlr-rnh.rlp.de

Saarland

LWK für das Saarland
Pflanzenschutz
In der Kolling 310
66450 Bexbach
Tel. 06826-828950
www.lwk-saarland.de/pflanze

Sachsen

Sächsisches Landesamt für Umwelt, Landwirtschaft
und Geologie (LfULG)
Referat Pflanzenschutz
Waldheimer Straße 219, 01683 Nossen
Tel. 035242-6310
www.lfulg.sachsen.de/

Sachsen-Anhalt

Landesanstalt für Landwirtschaft und Gartenbau-
Dezernat Pflanzenschutz
Strenzfelder Allee 22
06406 Bernburg
Tel. 03471-3340
www.llg-lsa.de

Schleswig-Holstein

Landwirtschaftskammer Schleswig-Holstein
Gartenbauzentrum
Thiensen 16
25373 Ellerhoop
Tel. 04120-7068-100
www.lksh.de

Herbstdeko und Vogelfutter zugleich: Biegsame Zweige, wie die von Weide oder Haselnuss bilden die herzförmige Unterlage für Herbstfrüchte, wie Hagebutte, Weißdorn, Schneebeere und Rosa Frucht-Eberesche.

Thüringen

Thüringer Landesamt für Landwirtschaft und Ländlichen Raum
Kühnhäuser Straße 101, 99090 Erfurt-Kühnhausen
Tel. 0361-55068-0
www.thueringen.de/th9/tlllr/landwirtschaft/pflanzenproduktion/pflanzenschutz/

Österreich

Österreichische Agentur f. Gesundheit + Ernährungssicherheit
Spargelfeldstraße 191, A-1220 Wien
Tel. 0043-505550, www.ages.at

Schweiz

Bundesamt für Landwirtschaft BLW Eidg.
Pflanzenschutzdienst
Schwarzenburgstrasse 165
CH-3003 Bern
Tel. 0041-584622511
www.blw.admin.ch
(vermittelt Adressen der kantonalen Pflanzenschutzdienste)

Weitere Auskunftsstellen finden Sie hier:

www.bvl.bund.de/DE/04_Pflanzenschutzmittel/02_Verbraucher/03_HausKleingarten/01_amtl_Auskunftsstellen/Auskunftsstellen_node.html

Foto: GAP/Robert Mabic

Herbstliche Tischdekoration in einer Terrakottaschale mit Hagebutten sowie den Blüten von Hortensien, Gewöhnlichem Schneeball und Myrten-Aster.

Bildnachweis Cover

(c) GAP/Robert Mabic

Impressum

Das Gartenjahrbuch 2024 der Zeitschrift **kraut&rüben** *Biologisches Gärtnern und naturgemäßes Leben* erscheint im
dlv Deutscher Landwirtschaftsverlag GmbH
Lothstraße 29, 80797 München
Telefon +49 89 12705-1, Telefax +49 89 12705-335

Redaktion und Text: Katharina Bodenstein
Bildredaktion: Britta Gunputh, Katharina Bodenstein
Layout: Yvonne Stange (dieMAYREI)
Schlussredaktion: Gabriele Mayer
Chefin vom Dienst: Roswitha Schauer
Chefredakteurin: Eva Puchtinger (V.i.S.d.P.)
Herstellungsleitung: Florian Brandl
Geschäftsführung: Christian Schmidt-Hamkens (Sprecher)
Reproduktion: dieMAYREI, Donauwörth
Druck: Aumüller Druck GmbH & Co. KG, Regensburg
Gesamtleitung Vertrieb: Ludwig Stadler
Gesamtleitung Verkauf:
Verena Nolten: +49 89 12705-257, verena.nolten@dlv.de
Mediaberatung: Kerstin Fischer: +49 511-67806-663, kerstin.fischer@dlv.de;
Susanne Rihacek: +49 89 12705-390, susanne.rihacek @dlv.de;
Ursula Zacherl: +49 89 12705-322, ursula.zacherl@dlv.de
Verantwortlich für den Anzeigenteil: Nicole Trost: +49 89 12705-369, nicole.trost@dlv.de